信息科学与工程系列专著

高能效模拟数字接口电路

佟星元　张　畅　编著

电子工业出版社

Publishing House of Electronics Industry

北京·BEIJING

内 容 简 介

以模拟数字接口电路为核心的传感信号链芯片在多个重要领域都具有广泛应用,尤其在工艺电压演进及集成度不断提升的趋势下,高能效模拟数字接口电路技术的研究极具必要性和迫切性。本书从基础理论、实际案例、创新技术层面介绍模拟数字接口电路,主要内容包括绪论、DAC 结构与设计实例、ADC 结构与电路技术、低压时域化 ADC、高能效混合架构 ADC、稀疏信号处理专用无时钟 ADC,不仅涵盖高能效模拟数字接口电路技术的应用场景、工作原理、性能指标、典型结构、关键电路模块等基础内容,而且提供具体的混合域、混合架构设计实例,具有很强的实用性。

本书可作为电子科学与技术、集成电路科学与工程、微电子学与固体电子学、电子信息等专业模拟与混合信号集成电路方向的教材,也可供相关领域的工程技术人员参考。

图书在版编目(CIP)数据

高能效模拟数字接口电路 / 佟星元,张畅编著.

北京 : 电子工业出版社,2025. 3. -- ISBN 978-7-121
-49872-5

Ⅰ. TN710.4;TN79

中国国家版本馆 CIP 数据核字第 202535YG37 号

责任编辑:凌 毅
印   刷:三河市良远印务有限公司
装   订:三河市良远印务有限公司
出版发行:电子工业出版社
        北京市海淀区万寿路 173 信箱 邮编:100036
开   本:787×1 092 1/16 印张:11.25 字数:302 千字
版   次:2025 年 3 月第 1 版
印   次:2025 年 3 月第 1 次印刷
定   价:69.80 元

凡所购买电子工业出版社图书有缺损问题,请向购买书店调换。若书店售缺,请与本社发行部联系,联系及邮购电话:(010) 88254888,88258888。

质量投诉请发邮件至 zlts@phei.com.cn,盗版侵权举报请发邮件至 dbqq@phei.com.cn。

本书咨询联系方式:(010) 88254528,lingyi@phei.com.cn。

前　　言

集成电路技术是信息产业发展的核心技术。《国家中长期科学和技术发展规划纲要（2006—2020年）》《新时期促进集成电路产业和软件产业高质量发展的若干政策》等一系列国家相关政策表明，集成电路产业的发展已上升为国家战略。以模拟数字接口电路为核心的传感信号链芯片在航空航天、军事国防、新一代通信等重要领域都具有广泛应用，是智能装备、车载雷达、航空发动机等特定应用场景中保障系统性能和可靠性的必要元件，产业需求和军事需求均十分迫切。模拟数字接口电路是极具代表性的混合信号集成电路，既具有功能和规模上的复杂性，也具有数模混合的特殊性，其核心电路技术在产业界和学术界均为持续关注的焦点，也是多年来的世界性研究难点。尤其在工艺电压演进及集成度不断提升的趋势下，传统单一架构和电压域信号处理方式面临着越发严峻的多指标协同优化难题，这也使得高能效模拟数字接口电路技术的研究具有必要性和迫切性。

当前，国内关于模拟数字接口电路的教材和专著比较缺乏，尤其缺少融合混合域、混合架构这一前沿发展趋势的教材。本书针对电子科学与技术、集成电路科学与工程、微电子学与固体电子学、电子信息等专业模拟与数字混合信号集成电路方向的研究生，结合模拟数字接口电路的国内外前沿发展方向与产业需求，希望从基础理论、实际案例、先进技术多层面提供模拟数字接口电路方向的必要参考。本书不仅涵盖应用场景、工作原理、性能指标、典型结构、关键电路模块等基础内容，而且提供融合分裂码的全新混合权重数模转换器（DAC）设计实例，以及融合低压混合域、混合架构的数模转换设计实例，旨在呈现与学术界和产业界主流方向相符，又具有极佳实用性和可延续性的先进电路技术。希望本书能够对相关领域内的读者有所帮助。

本书由佟星元和张畅共同编写。在编写过程中，参考了许多国内外的相关论文和著作（所附参考文献是本书重点参考的论著），同时吸取了许多同行专家的经验和建议，并得到了团队成员和许多同事的支持，在此一并表示诚挚的谢意！

本书虽经几次修改，但受多种因素所限，仍存在不足之处，敬请专家读者批评指正！

目　　录

第1章 绪 论

1.1 模拟数字接口电路及典型应用

1.1.1 模拟数字接口电路

模拟数字接口电路是数字信号处理（DSP，Digital Signal Processing）系统中的关键组成部分，用于模拟信号和数字信号之间的转换。在数字域中，数据以离散的形式表示，例如二进制码（0 和 1）；在模拟域中，数据以连续的形式表示，例如电压、电流或其他物理量。模拟数字接口电路主要由数模转换器（DAC，Digital-to-Analog Converter）和模数转换器（ADC，Analog-to-Digital Converter）构成，分别可以将数字信号还原为模拟信号以及将模拟信号量化为数字信号[1]。

在数字信号处理系统中，ADC 为前向通道设备，DAC 为后向通道设备，两者的性能通常决定了该系统性能的瓶颈，因此，速度更快、精度更高及功耗更低的高性能模拟数字接口电路一直备受产业界和学术界的关注。典型的数字信号处理系统结构包括 ADC、DSP 和 DAC，如图 1-1 所示。模拟信号通过 ADC 量化为 DSP 可处理的数字信号，然后将处理完成的数字信号通过 DAC 还原为模拟信号，实现信息处理，这样的结构使得数字信号能够与现实世界进行双向的信息传递。

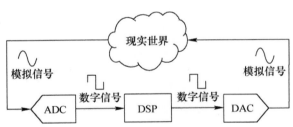

图 1-1 典型的数字信号处理系统结构

ADC 与 DAC 的应用领域非常广泛，几乎涵盖了从相对低端的消费电子市场到对工艺-电压-温度（PVT，Process Voltage Temperature）稳健性要求较高的军工级产品，主要包括汽车、通信收发机、医疗仪器（核磁共振、超声）、精密测量仪器（示波器、信号发生器）、航空航天等领域。

1996 年 7 月，以西方为主的 33 个国家在奥地利维也纳签署了《瓦森纳协定》，全称为《关于常规武器与两用产品和技术出口控制的瓦森纳协定》，决定从 1996 年 11 月 1 日起实施新的控制清单和信息交换规则，限制了高科技产品和技术的出口范围和国家。其中，高性能的 ADC 与 DAC 属于重点管控元件，中国也属于受限制的国家之一。图 1-2 所示为 2022 年 12 月公布的《瓦森纳协定》更新文件，瓦森纳协议管控线以上代表了限制出口 ADC 的精度与采样率。对于 DAC 的出口限制涵盖了精度大于 10 位且采样率大于 3.5GS/s 的产品。

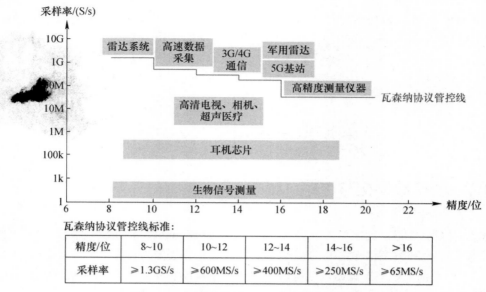

瓦森纳协议管控线标准：

精度/位	8~10	10~12	12~14	14~16	>16
采样率	≥1.3GS/s	≥600MS/s	≥400MS/s	≥250MS/s	≥65MS/s

图 1-2　《瓦森纳协定》对 ADC 的出口限制

不同应用设备和系统的数据处理需求不同，各类型的数据转换器所适用的应用领域也存在差异。根据系统结构来分类，目前典型的 ADC 主要有 Flash ADC、流水线（Pipelined）ADC、逐次逼近（SAR，Successive Approximation Register）ADC、Σ-Δ（Sigma-Delta）ADC、单斜坡（SS，Single Slope）ADC 和双斜坡（DS，Dual Slope）ADC 等。典型的 DAC 主要有电阻串型DAC、R-$2R$ 型 DAC、电容阵列 DAC、电流舵 DAC 和Σ-Δ DAC 等。典型 ADC/DAC 的精度、采样率及应用领域如表 1-1 和表 1-2 所示。

表 1-1　典型 ADC 的精度、采样率及应用领域

	Flash	Pipelined	SAR	SS/DS	Σ-Δ
精度/位	<8	10~14	8~16	8~16	16~24
采样率	0.1~10GS/s	0.1~5GS/s	0.1~100MS/s	<10MS/s	<10MS/s
应用领域	调制解调器、高速硬盘、雷达系统、通信仪器仪表等		可穿戴/植入式医疗设备等	温度传感器、图像传感器等	纳伏表、电池管理系统等

表 1-2　典型 DAC 的精度、采样率及应用领域

	电阻串型	R-$2R$ 型	电容阵列	电流舵	Σ-Δ
精度/位	8~12	12~18	8~14	10~16	16~24
采样率	<10MS/s	<10MS/s	<10MS/s	0.1~5GS/s	<10MS/s
应用领域	激光、机器人传感模块、生物医疗电子等			无线通信网络等	音频/视频信号处理等

1.1.2　典型应用

1. 生物医疗电子

医疗超声系统结构如图 1-3 所示，其模拟前端电路主要由低噪声放大器（LNA，Low Noise Amplifier）、可变增益放大器（VGA，Variable Gain Amplifier）、抗混叠滤波器（AAF，Anti-Alias

Filter）及 ADC 组成。前端传感器使用声波脉冲扫描人体内部组织并采集回波，生物信号通过放大、滤波、模数转换后，显示为超声波扫描图，其中包含不同类型信息，如血流量随时间的活动状态等。需要注意的是，发射的超声波幅会随着逐渐穿透人体组织而变小。如果超声图像直接由原始返回波形成，则图像在浅表层中亮，在深层中暗。克服超声衰减的典型方法是采用时间增益补偿（TGC，Time-Gain Compensation）技术，通常基于 DAC 实现，使接收信号的增益随着发射波脉冲的时间逐渐增加。这种校正使得即便位于不同深度的组织，其成像效果依然均衡。ADC/DAC 作为关键模块，其性能的好坏直接决定所传输生物信息的准确性。

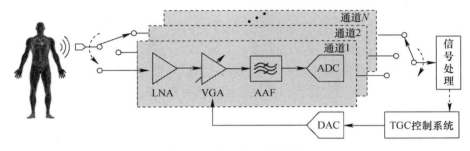

图 1-3 医疗超声系统结构

SAR ADC 凭借结构简单、功耗低、面积小、易集成等优点，在生物信号采集与处理领域具有广泛应用，并且由于 SAR ADC 数字化程度较高，降低电源电压可以有效降低功耗。对于 DAC 的选型，需要具有低噪声和快速稳定等要求，通常采用 R-2R 型或电阻串型 DAC。

在其余生物医疗电子领域，如可穿戴/植入式设备中，通常关注生物电信号，包括心电、脑电、神经和肌电信号等，生物电信号幅度普遍较小，频率多数集中在 10kHz 以下的低频范围内。在实际中，生物电信号常常具有突发性的特点，信号可以长时间维持在变化非常微弱的静息状态，只在短时间内幅度变化非常剧烈，即信号具有很强的稀疏性。因此，可以采用 LC（Level Crossing）-ADC，LC-ADC 是一种基于事件驱动的非均匀采样 ADC，在本书第 6 章将具体阐述。

2. 通信射频收发机

超外差收发机系统结构如图 1-4 所示，包括带通滤波器（BPF，Band Pass Filter）、LNA、混频器（Mixer）、VGA、ADC、DAC 以及信号处理等模块。在接收侧，微弱的射频信号经高灵敏度的天线接收后，经过 BPF 的频带选择和 LNA 放大，通过混频器将射频信号下变频到中频，在中频段对信号进行滤波和放大之后，即可通过 ADC 将其转换为数字信号进行处理，也可再进一步将中频信号解调为基带信号再由 ADC 量化。信号的发射过程同理，区别在于需要 DAC 将处理完成的数字信号转换为模拟信号。新一代的通信系统对速率的要求越来越高，例如 5G 移动通信系统，其用户体验速率要求达到 1GS/s 以上，因此，在信号接收与发射过程中通常采用高速的 ADC/DAC。

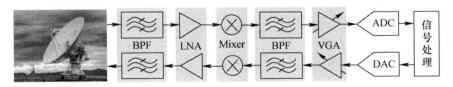

图 1-4 超外差收发机系统结构

高速 ADC 通常按照通道数可分为单通道 ADC 和多通道时间交织（TI，Time-Interleaved）ADC。在高速 ADC 中，单通道 ADC 通常采用 Flash ADC 及流水线 ADC 等。Flash ADC 通过多个电压比较器一次性完成模数转换，是一种高速、并行量化、高功耗、低分辨率的 ADC。流水线 ADC 采用流水线的工作方式，子 ADC 为 Flash ADC，通过级间增益放大器实现多级子 ADC 的"传递"量化，是一种高速、分级量化、高功耗、高分辨率的 ADC。TI ADC 通过将多个单通道 ADC 进行交织，使它们共同工作以实现高速模数转换，成倍地提高转换速度。高速 DAC 通常采用电流舵 DAC，这是由于与电压驱动型 DAC 相比，电流舵 DAC 可以直接驱动低阻负载，不需要额外设计驱动电路、引入建立时间误差等。

3. 仪器仪表与测量

纳伏表系统结构如图 1-5 所示，主要包括 LNA、ADC、DAC 以及偏移补偿和微处理器等模块。待测信号通过 LNA 将直流低压信号放大，然后通过高精度 ADC 量化，其偏差仅为几微伏。需要注意的是，信号测量设备必须处理不处于内部 ADC 输入范围内的输入信号。为了将未知输入信号置于 ADC 的测量范围内，需要进行偏移补偿，通过高精度 DAC 和运算放大器将反馈补偿电压添加到输入信号上。纳伏表可以精确测量半导体器件的电压和电阻，帮助工程师评估器件性能和质量，并且市场上仪器仪表与测量设备都需要定期使用更高精度的仪器进行校准，纳伏表就是其中一种常见的校准仪器，当前市场上的纳伏表基本被国外少数大型科技企业所垄断。高精度 ADC/DAC 是纳伏表中最关键的组成部分，直接决定了纳伏表的精度。

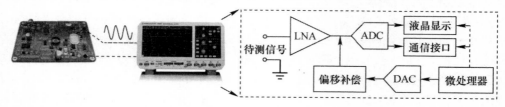

图 1-5　纳伏表系统结构

Σ-Δ ADC 作为一种过采样 ADC，在高精度领域中得到了广泛的应用，尤其是随着专用集成电路的发展，Σ-Δ ADC 以其自身结构与大型数字电路的兼容性，在中低频段的高分辨率 ADC 领域占据了主导地位。Σ-Δ ADC 由 Σ-Δ 调制器和数字抽取滤波器组成，其基本原理是采用过采样技术和噪声整形技术，将信号带宽内有限的噪声先"拓宽"再"搬移"，提高了信号带宽内的信噪比，进而提高了 ADC 的转换精度和动态范围。高精度 DAC 常采用 Σ-Δ DAC，其关键模块为 Σ-Δ 调制器，工作原理和 Σ-Δ ADC 相似，将在本书 3.3 节具体阐述。

1.2　数据转换器基本原理

1.2.1　数模转换器（DAC）基本原理

1. DAC 的系统结构

DAC 可以将离散时间的数字信号还原为时间连续的模拟信号，通常输出的模拟信号为电压或电流的形式，其系统结构如图 1-6 所示。在时钟信号 Clk 的控制下，将离散的数字信号 b_i ($i=0,1,\cdots,N-1$) 存入寄存器中，寄存器统一将数字码传输到编码电路，根据加权网络权重的类型，编码电路将转换完成的数字码送入加权网络，每个数字码以参考电压 V_{ref} 为标准产生对应数字信息的模拟电压或电流，完成数字信号到模拟信号的转换。加权网络所需参考电压 V_{ref} 通常由 PVT 稳健的低压差线性稳压器提供。在加权网络中，数字码的每一位都对应着特定的电压或电流权值。对于一元权重加权网络，各位数字码具有相同的权重，而对于二进制 DAC，相邻两位数字码的权重是二进制的关系，具体分析见 2.1 节。需要注意的是，经加权网络处理得到的模拟输出是一系列离散的点，因此可能存在一定的抖动或不连续性，为了获得连续且平滑的模拟输出，需要通过滤波器对加权后的输出进行滤波，滤波器可以去除高频噪声和谐波成分，使得输出信号更加平稳，最后经过输出缓冲器得到相对理想的模拟输出信号 V_{out}/I_{out}。输出缓冲器由运算放大器构成，主要用于增强输出信号的驱动能力。

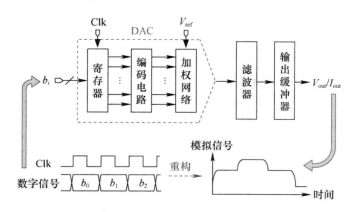

图 1-6 DAC 的系统结构

DAC 有很多种分类方式，根据 DAC 组成单元的不同可以分为电阻型 DAC、电容型 DAC、电阻-电容混合型 DAC 及电流舵 DAC，其基本原理均是将离散的数字信号按照一定的比例加权转换成相应大小的连续模拟信号，将在 2.2 节进行具体分析。按照 DAC 的数据传输方式还可以将 DAC 分为串行 DAC 和并行 DAC，串行 DAC 是将数字信号逐位输送到 DAC 系统中，经量化后得到模拟输出信号，而并行 DAC 是将数字信号同时输送到 DAC 系统中，经量化后得到模拟输出信号。根据采样频率的不同，可以将 DAC 分为两种类型：奈奎斯特（Nyquist）型 DAC 和过采样型 DAC。奈奎斯特型 DAC 的采样频率至少是输入信号带宽的两倍，而过采样型 DAC 的工作频率等于奈奎斯特采样频率乘以过采样率（OSR）。

2. DAC 的工作原理

DAC 的基本工作原理是将多位数字码按照各自对应的权重进行加权处理，从而产生能够准确体现模拟信号的电压或电流，每一位数字码通过控制对应开关的打开或关闭来体现是否参与加权。当输入的数字码为二进制码时，如式（1-1）所示，最高位数字码 b_{N-1} 代表最高有效位（MSB，Most Significant Bit），权重为 2^{-1}，第 N 位数字码 b_0 代表最低有效位（LSB，Least Significant Bit），权重为 $2^{-(N-1)}$，因此，总权重 b 为

$$b = b_{N-1}2^{-1} + b_{N-2}2^{-2} + \cdots + b_0 2^{-N} \tag{1-1}$$

以输出电压量为例，总权重 b 与基准电压 V_{ref} 相乘即可得到加权后的模拟输出电压，这样的设计使得 DAC 能够根据输入的数字码精确地生成相应的模拟输出信号。输入二进制码 $b_i(i=0,1,\cdots,N-1)$ 与输出电压 V_{out} 的关系可以表示为

$$V_{out} = V_{ref}b = \frac{V_{ref}}{2^N}\sum_{i=0}^{N-1}b_i 2^i \tag{1-2}$$

1.2.2 模数转换器（ADC）基本原理

1. ADC 的系统结构

ADC 作为接口电路，负责将模拟信号转换为数字信号，其转换过程包括采样、量化和后续的数字编码，ADC 的系统结构如图 1-7 所示。模拟信号在被采样到 ADC 之前，需要经过抗混叠滤波器进行处理，以移除高频分量，避免出现频谱混叠。滤波完成后对模拟信号进行采样，即将连续变化的模拟量转换为时间离散的模拟量。需要注意的是，采样保持电路的精度决定了模拟信号经 ADC 量化后精度的上限。下一步进入保持阶段，产生稳定的电压值供后续量化过程处理。量化过程通常体现为电压值按不同的方式归一化到相应的离散电平，从而得到数字信息的过程，之后再通过编码器即可得到最终的数字信号。

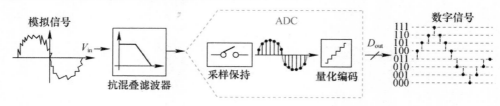

图 1-7　ADC 的系统结构

2. ADC 的工作原理

模拟信号的数字化过程包括三个步骤：采样、量化和编码，如图 1-8 所示。首先，对模拟信号进行采样处理，采样完成后的信号在时间上是离散的，但是在取值上仍然是连续的，可以称为离散的模拟信号。第二步是量化处理，量化过程使采样信号的取值变成离散的，所以量化完成的信号是数字信号，也可以看成多进制的数字脉冲信号。第三步是编码处理，通常情况下量化后的信号被编码成二进制码。

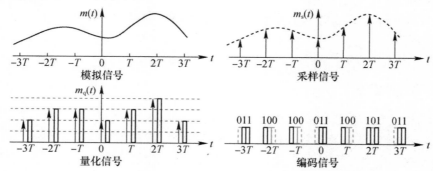

图 1-8　模拟信号的数字化过程

采样定理为连续时间信号与离散时间信号的相互转换提供了理论依据。可以证明，若使用足够高的采样率对一个带宽有限的连续模拟信号进行采样，则得到的样本值可以包含原始信号的全部信息，并且最终可以从这些采样值中恢复出原始信号。图 1-9 描述的采样过程采用的是冲激采样方式，图中给出了在采样过程的不同阶段，不同信号在时域和频域的波形，其中 $f(t)$ 和 $F(j\omega)$ 分别是时域和频域的输入信号，$f_s(t)$ 和 $F_s(j\omega)$ 分别为时域和频域采样后的信号，T_s 和 ω_s 分别体现冲激信号的时域和频域的频率。冲激信号在时域和频域都是周期性脉冲，假设输入信号的频率为 ω_m，根据频域卷积定理，时域相乘过程在频域中表现为卷积变换，$F_s(j\omega)$ 是由原始

信号 $F(j\omega)$ 的频谱进行周期性搬移得到的。

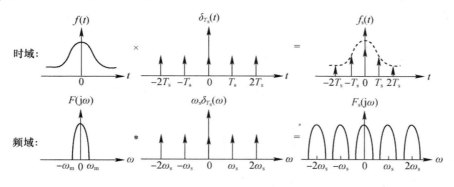

图 1-9　冲激采样方式

从上述过程也可以看出，只有满足 $\omega_s > 2\omega_m$，搬移后两个相邻的频谱之间才不会发生重叠现象。如果 $\omega_s < 2\omega_m$，那么相邻的两个频谱就会发生重叠，此时无法通过低通滤波器将原始信号频谱选择出来，所以无法恢复原始信号，这种现象称为混叠现象，如图 1-10 所示。由奈奎斯特采样定理可知，最低允许采样频率 $f_s = 2f_m$ 称为奈奎斯特频率，其中 f_m 是所传信号的最大频率。通过抗混叠滤波器处理模拟输入信号可以有效避免频谱混叠的发生。

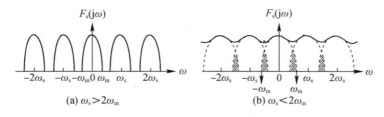

图 1-10　混叠现象

1.3　数据转换器的性能指标

数据转换器有许多性能指标，这些性能指标是选用器件的主要依据。数据转换器的性能指标可分为两类：静态性能指标、动态性能指标。静态性能指标有分辨率、量化误差、失调误差、增益误差、微分非线性（DNL，Differential NonLinearity）、积分非线性（INL，Integral NonLinearity）等；动态性能指标有信噪比（SNR，Signal to Noise Ratio）、信号噪声失真比（SNDR，Signal to Noise Ratio and Distortion Ratio）、有效位数（ENOB，Effective Number Of Bits）、无杂散动态范围（SFDR，Spurious Free Dynamic Range）、总谐波失真（THD，Total Harmonic Distortion）等[2-3]。下面以 ADC 为例介绍性能指标。

1.3.1　静态性能指标

1.分辨率

分辨率被定义为 ADC 能够分辨出的最小模拟输入电压。图 1-11 所示为 3 位理想 ADC 的传输特性曲线，理想情况下，ADC 的量化曲线表现为横向、纵向是等间距的阶梯状曲线，分辨率指的是量化曲线中的一个横向台阶所对应的模拟值。

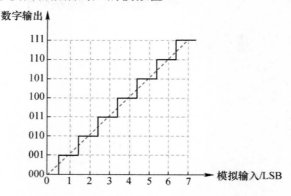

图 1-11　3 位理想 ADC 的传输特性曲线

如果 ADC 的参考基准电压为 V_{ref}，位数为 N，对于单端结构的 ADC，其分辨率如式（1-3）所示；对于差分结构的 ADC，其分辨率如式（1-4）所示。该值同样反映了 ADC 的最低有效位（LSB）对应的模拟输入电压。

$$\text{LSB} = \frac{V_{\text{ref}}}{2^N} \tag{1-3}$$

$$\text{LSB} = \frac{2 \cdot V_{\text{ref}}}{2^N} \tag{1-4}$$

2. 量化误差

由于 ADC 是用一个离散的数字量表示连续的模拟量的，所以这种表示只能是近似的，介于 1LSB 之间的电压值将按照一定的规则进行入位或舍弃，这个过程中相对于原始模拟信号造成的误差称为量化误差。如图 1-12（a）所示为 3 位理想 ADC 量化误差示意图，量化误差的波形呈现锯齿形，其峰值为 $\frac{1}{2}$LSB。量化误差一般无法通过电路设计来弥补，只能通过提高 ADC 的精度来减小。从频域来看，量化误差表现为白噪声，因此也称为量化噪声。

图 1-12（b）更详细地显示了量化误差与时间的关系。锯齿波 y 的计算公式为

$$y(t) = kt, \qquad +\text{LSB}/2k < t < -\text{LSB}/2k$$

量化噪声 P_{noise} 的均方值为

$$P_{\text{noise}} = \frac{1}{T} \int_{-\frac{T}{2}}^{+\frac{T}{2}} y(t)^2 \, \mathrm{d}t = \frac{k}{\text{LSB}} \int_{-\frac{\text{LSB}}{2k}}^{+\frac{\text{LSB}}{2k}} (kt)^2 \, \mathrm{d}t = \frac{\text{LSB}^2}{12} \tag{1-5}$$

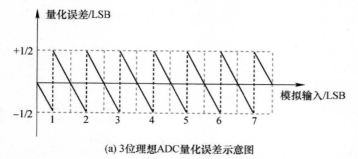

(a) 3位理想ADC量化误差示意图

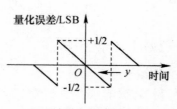

(b) 量化噪声与时间的关系

图 1-12　量化误差

3．失调误差

图 1-13 展示了 3 位 ADC 存在失调误差的传输特性曲线。当 ADC 存在失调误差时，其传输特性曲线相较理想情况时将会产生横向的偏移，该偏移量代表了 ADC 的失调误差。失调误差分为静态失调误差和动态失调误差。静态失调误差通常是由于器件失配、工艺偏差以及电路结构的不对称造成的，只会导致输入信号的动态范围降低，不会引起 ADC 的非线性问题；而动态失调误差通常是由于温度或输入共模电压变化造成的，不仅会导致输入信号的动态范围降低，还会引起 ADC 的非线性问题。图中所示静态失调误差为-1.5LSB，动态失调误差为+0.2LSB。

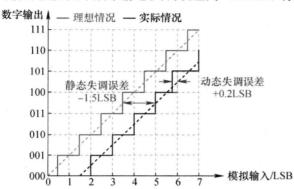

图 1-13　3 位 ADC 存在失调误差的传输特性曲线

4．增益误差

图 1-14 展示了 3 位 ADC 存在增益误差的传输特性曲线。增益误差是指实际情况与理想情况传输特性曲线斜率的偏差，经常采用满量程增益误差来表示，即将实际量化曲线平移，使其最低转换电平与理想曲线的最低转换电平对齐，然后计算实际量化曲线与理想曲线最高转换电平的偏差。与静态失调误差相似，增益误差只会导致输入信号的动态范围波动，不会引起 ADC 的非线性问题。通常由于芯片在制造过程中会受到寄生效应等因素的影响引起增益误差，图中所示增益误差为-1LSB。

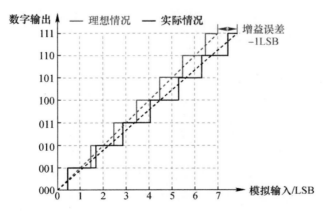

图 1-14　3 位 ADC 存在增益误差的传输特性曲线

5．微分非线性（DNL）

DNL 定义为输出相同的数字码时，ADC 的实际转换阶梯宽度与理想转换阶梯宽度的差值。图 1-15 给出了 3 位 ADC 存在 DNL 和 INL 时的传输特性曲线。在理想情况下，ADC 输出的每一个数字码对应的阶梯宽度都应为1LSB，则任一数字码对应的DNL均为0，但如果实际ADC输出数字码对应的宽度不为1LSB，则存在非线性。DNL的值可通过实际数字码的宽度减去1LSB得到。如图1-15所示，数字码"101"对应的DNL为+1.2LSB。需要注意的是，DNL的最小值为-1LSB。当DNL=-1LSB时，则说明ADC转换存在失码的情况，即有些数字码不会出现，这种情况将会恶化ADC的线性度，如图1-15中数字码"011"即失码，对应的DNL为-1LSB。对于一个性能优良的ADC，需要保证"无失码"。

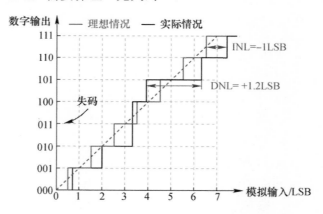

图1-15　3位ADC存在DNL与INL时的传输特性曲线

6. 积分非线性（INL）

数据转换器的INL与DNL都表示数据转换器的非线性程度，DNL可以理解为局部的非线性程度，而INL为整体的非线性程度。对于ADC来说，INL定义为输出相同的数字码时，实际模拟输入信号和理想模拟输入信号之间的差值。如图1-15所示，当输出数字码为"111"时，INL为-1LSB。从整个ADC输出数字码来看，INL是该数字码之前所有数字码的DNL之和，所以即使DNL很小，但若均为正或负，那么这个ADC的INL一定会很大，因此好的DNL不能保证有好的INL，而好的INL可以保证有好的DNL。需要注意的是，在分析DNL与INL时，模数转换中输出数字码必须随着模拟输入的增加而增加，即满足单调性。当输出数字码随着模拟输入的增加而出现降低时，说明ADC不是单调的，此时分析DNL和INL无意义。

1.3.2　动态性能指标

ADC的动态性能是指ADC在处理交流或高频信号时所表现出的性能。一般需要对ADC输入具有一定频率的交流信号，将其输出进行快速傅里叶变换（FFT，Fast Fourier Transform），该ADC的动态性能从其频谱中分析得出。

如图1-16所示，具有一定频率和幅值的模拟正弦信号y通过量化得到了离散的时域波形，将其在时域进行拟合后得到一段具有正弦信号形状的波形，但由于存在量化误差，每一个采样点均不能准确地等同于该处的理想模拟信号。对量化前后的时域波形分别进行傅里叶变换，由于量化前理想的模拟信号仅具有信号频率，因此其在频域上表现为仅在ω频率处有幅值为A的基波，量化后的信号在频域上不仅具有频率为ω、幅值为A的基频信号，还叠加了量化噪声。理想ADC中噪声的来源只有量化噪声，其在较高精度的ADC中被看作频带内频率随机的噪声，并构成频谱图中的噪底。但是，当ADC不够理想时，还会使ADC的输出频谱中叠加谐波，即

ω 整数倍频率的分量，图 1-16 中 2ω 处即量化产生的 2 次谐波分量。

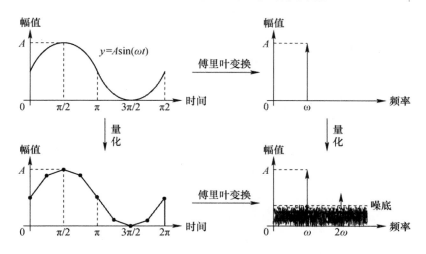

图 1-16　正弦信号经过量化后的时域与频域波形

　　在较低精度的 ADC 量化过程中，其量化噪声的频率特性与上述略有不同。当一个 1 位 ADC 对正弦信号进行量化时，该 ADC 仅能输出 "0" 和 "1" 两种数字码，因此正弦信号将被量化为方波信号，可以通过对方波信号进行分析得出与量化噪声的关系。方波信号由基频正弦信号和所有奇次谐波信号叠加而成，图 1-17 为 MATLAB 分别对基频正弦信号进行包含前 3 次、前 15 次及前 49 次谐波信号的时域叠加，可以观察到随着叠加谐波信号的增多，最终信号更趋近方波信号。对于 1 位 ADC 所量化出的方波信号，通过傅里叶级数展开可以表示为

$$f_{\text{out}}(t) = \sum_{n=1}^{\infty} A_n \sin(n\omega t) \tag{1-6}$$

其中，幅值 A_n 的取值为

$$A_n = \begin{cases} 0, & n = 2,4,6\cdots \\ \dfrac{4}{n\pi}, & n = 1,3,5\cdots \end{cases} \tag{1-7}$$

而此时 1 位 ADC 的输入信号即展开式中的基频分量，表示为

$$f_{\text{in}}(t) = A_1 \sin(\omega t) \tag{1-8}$$

因此，1 位 ADC 的量化噪声即式（1-6）中的所有高频分量，可以表示为

$$f_{\text{noise}}(t) = f_{\text{out}}(t) - f_{\text{in}}(t) = \sum_{n=3}^{\infty} A_n \sin(n\omega t) \tag{1-9}$$

　　由式（1-9）可以看出，在 1 位 ADC 的量化过程中，所叠加的量化噪声均为具有一定频率的谐波分量。当 ADC 的位数增加时，其输出的量化信号越来越逼近原本的模拟正弦信号，因此量化信号 f_{out} 中高频分量的功率减少，也代表着 ADC 的量化误差所包含的谐波能量随着 ADC 位数的增加而减少。图 1-18 通过 MATLAB 模型分别对分辨率为 3 位、5 位、7 位和 9 位的理想 ADC 输入一定频率的正弦信号，并将它们的输出结果进行 FFT 分析。由于模型中的 ADC 均为理想 ADC，因此其输出频谱图中仅包含基波信号和量化噪声，从它们的输出频谱中可以看出，随着 ADC 精度的提高，量化噪声的谐波分量被逐渐抑制。

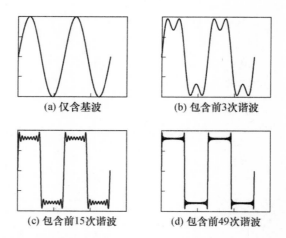

(a) 仅含基波 (b) 包含前3次谐波

(c) 包含前15次谐波 (d) 包含前49次谐波

图 1-17　通过 MATLAB 叠加正弦信号产生方波信号

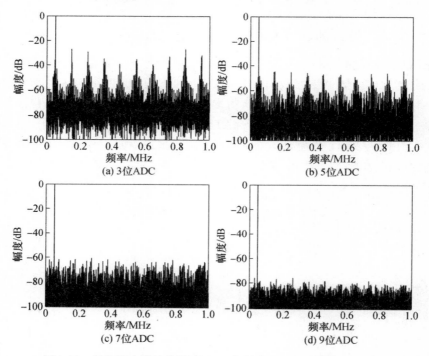

(a) 3位ADC (b) 5位ADC

(c) 7位ADC (d) 9位ADC

图 1-18　量化噪声谐波分量随 ADC 位数的增加而降低的模型仿真

根据实际 ADC 输出的频谱分析结果，将 ADC 的动态性能进行分类，下面将分别进行阐述。

1. 信噪比（SNR）

信噪比指的是输入信号能量与噪声能量的比值，单位为分贝（dB），计算公式为

$$SNR = 10\lg\frac{P_{signal}}{P_{noise}} \tag{1-10}$$

其中，P_{signal} 和 P_{noise} 分别代表了输入信号能量和噪声能量。

ADC 在理想情况下仅存在量化噪声，当输入正弦信号的满摆幅为 2^N LSB 时，ADC 所能达到的 SNR 如式（1-11）所示，其中 N 为 ADC 的分辨率。

$$SNR = 10\lg\left[\frac{\left(\dfrac{2^N\,\mathrm{LSB}}{2\sqrt{2}}\right)^2}{\dfrac{\mathrm{LSB}^2}{12}}\right] = 6.02N + 1.76 \qquad (1\text{-}11)$$

需要注意的是，当对 ADC 的输出进行 FFT 分析时，实际 FFT 的噪底通常小于理论计算的噪底，图 1-19 显示了一个理想 14 位 ADC 的 FFT 频谱图，实际噪底约为-122.16dB，而理论计算的噪底约为 86.04dB。这是由于量化噪声的能量是固定的，并近似均匀分布在频带内，随着 FFT 点数的增加，量化噪声所能分布的频率数量增多，导致噪声的幅值降低，由此得出结论：噪底的位置受采样点数 m 的影响。实际 FFT 的噪底比量化噪声低 $10\lg(m/2)$dB，因此 FFT 的噪底可以通过增加采样点数降低，每当采样点数变为先前的一倍时，输出频谱的噪底将降低 3dB。当利用 FFT 测试 ADC 时，必须确保采样点数足够多，使得谐波等非理想因素能够与 FFT 的噪底区分开。

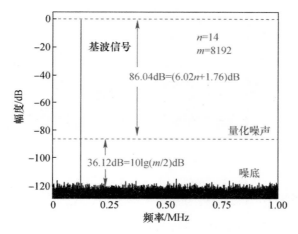

图 1-19　理想 14 位 ADC 的 FFT 频谱图

2. 信号噪声失真比（SNDR）

ADC 的 SNDR 在 SNR 的基础上考虑了谐波失真能量，是对 ADC 动态性能更有效的评估，单位为 dB，其数学表达式为

$$SNDR = 10\lg\frac{P_{\text{signal}}}{P_{\text{noise}} + (P_{\text{distortion}})_{\text{all}}} \qquad (1\text{-}12)$$

其中，P_{signal} 代表输入信号能量，$(P_{\text{distortion}})_{\text{all}}$ 代表所有谐波分量能量的总和。

3. 有效位数（ENOB）

实际情况下，ADC 的电路性能会受到电容失配、比较器噪声等非理想因素的影响，从而导致 ADC 的实际精度低于理论分辨率。ENOB 即反映了实际情况下 ADC 的精度，与 SNDR 相对应，计算公式为

$$ENOB = \frac{SNDR - 1.76}{6.02} \qquad (1\text{-}13)$$

4．无杂散动态范围（SFDR）

SFDR 指的是输入信号的基波能量与最大谐波分量的能量之比，该值反映了谐波对于基波信号的干扰程度，单位为 dB，计算公式为

$$\text{SFDR} = 10\log\frac{P_{\text{signal}}}{(P_{\text{distortion}})_{\text{max}}} \qquad (1\text{-}14)$$

其中，P_{signal} 代表输入信号能量，$(P_{\text{distortion}})_{\text{max}}$ 代表最大谐波分量的能量。

图 1-20 为 14 位 ADC 的 FFT 频谱图，其中 HD_2、HD_3、HD_4、HD_5 分别代表 2、3、4、5 次谐波，图中最大谐波分量为 3 次谐波，因此 SFDR 为 80dB。

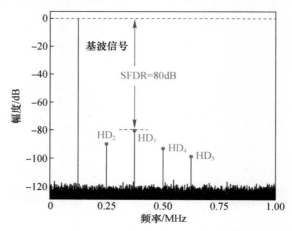

图 1-20　14 位 ADC 的 FFT 频谱图

5．总谐波失真（THD）

总谐波失真定义为输入信号中所有谐波分量能量总和与基波能量的比值，单位为 dB，可以表示为

$$\text{THD} = 10\log\frac{(P_{\text{distortion}})_{\text{all}}}{P_{\text{signal}}} \qquad (1\text{-}15)$$

其中，P_{signal} 代表输入信号能量，$(P_{\text{distortion}})_{\text{all}}$ 代表所有谐波分量能量的总和。

参 考 文 献

[1]　A. Roermund, H. Hegt, P Harpe. Smart AD and DA Conversion. Springer Dordrecht, 2010.

[2]　R. Plassche. CMOS Integrated Analog-to-Digital and Digital-to-Analog Converters. Springer New York, 2003.

[3]　B. Razavi. Principles of Data Conversion System Design. Wiley-IEEE Press, 1994.

第 2 章　DAC 结构与设计实例

2.1　常见的位权方式

在数据转换器中，常见的位权方式有一元权重、二进制权重和组合权重。通常一元权重的编码方式为温度计码，二进制权重则通过二进制数进行编码，衍生出的组合权重即混合了两种编码方式，本节将对这三种位权方式的编码设计进行分析并得出转换关系。

2.1.1　一元权重

一元权重是数据转换器常用的一种位权方式，它表明在权重网络中，每个数字码的权重都是相同的。当数字信号还原为模拟信号时，这种均等的权重分布确保了每个数字码都对模拟输出产生相同的影响，不会出现某一位数字码对输出影响较大的情况。式（2-1）为温度计码 $d_i (i=0,1,\cdots,N-1)$ 和十进制码 D_{out} 的转换公式，N 为温度计码的位数，表 2-1 所示为 7 位温度计码与十进制码的对应关系。

$$D_{out} = \sum_{i=0}^{N-1} d_i \times 1 \qquad (2-1)$$

表 2-1　7 位温度计码与十进制码的对应关系

十进制码 D_{out}	温度计码							温度计码与十进制码的对应关系
	d_6	d_5	d_4	d_3	d_2	d_1	d_0	
0	0	0	0	0	0	0	0	$0\times1+0\times1+0\times1+0\times1+0\times1+0\times1+0\times1$
1	0	0	0	0	0	0	1	$0\times1+0\times1+0\times1+0\times1+0\times1+0\times1+1\times1$
2	0	0	0	0	0	1	1	$0\times1+0\times1+0\times1+0\times1+0\times1+1\times1+1\times1$
3	0	0	0	0	1	1	1	$0\times1+0\times1+0\times1+0\times1+1\times1+1\times1+1\times1$
4	0	0	0	1	1	1	1	$0\times1+0\times1+0\times1+1\times1+1\times1+1\times1+1\times1$
5	0	0	1	1	1	1	1	$0\times1+0\times1+1\times1+1\times1+1\times1+1\times1+1\times1$
6	0	1	1	1	1	1	1	$0\times1+1\times1+1\times1+1\times1+1\times1+1\times1+1\times1$
7	1	1	1	1	1	1	1	$1\times1+1\times1+1\times1+1\times1+1\times1+1\times1+1\times1$

一元权重在 DAC 中应用即构成了温度计码型 DAC。温度计码型 DAC 在进行信号还原时的每次电压切换值均为 1LSB，相较于二进制切换，避免了在较高位出现切换电压过大导致的建立误差，具有较好的单调性与线性度。然而，温度计码型 DAC 也有一些缺点，例如需要额外的译码电路，这增加了电路设计的复杂性，同时会增加电路的功耗且占用更多的芯片面积。

2.1.2　二进制权重

二进制在数字电路中应用非常广泛，二进制权重体系使用二进制码进行编码，表示不同数字位在权重网络中的位置。二进制码的每位数字只包含 0 和 1 两个数字，每一位数字的权重都是 2 的幂次方，这意味着当数字信号还原为模拟信号时，这种权重分布会使高位数字码对模拟输出产生的影响较大，而低位产生的影响较小。式（2-2）为二进制码 $d_i(i=0,1,\cdots,N-1)$ 和十进制码 D_{out} 的转换公式，其中 i 为不同位所代表的数字码，N 为二进制码的位数，表 2-2 所示为 3 位二进制码与十进制码的对应关系。

$$D_{out} = \sum_{i=0}^{N-1} d_i \times 2^i \qquad (2-2)$$

表 2-2　3 位二进制码与十进制码的对应关系

十进制码 D_{out}	二进制码			二进制码与十进制码的对应关系
	b_2	b_1	b_0	
0	0	0	0	$0 \times 2^2 + 0 \times 2^1 + 0 \times 2^0$
1	0	0	1	$0 \times 2^2 + 0 \times 2^1 + 1 \times 2^0$
2	0	1	0	$0 \times 2^2 + 1 \times 2^1 + 0 \times 2^0$
3	0	1	1	$0 \times 2^2 + 1 \times 2^1 + 1 \times 2^0$
4	1	0	0	$1 \times 2^2 + 0 \times 2^1 + 0 \times 2^0$
5	1	0	1	$1 \times 2^2 + 0 \times 2^1 + 1 \times 2^0$
6	1	1	0	$1 \times 2^2 + 1 \times 2^1 + 0 \times 2^0$
7	1	1	1	$1 \times 2^2 + 1 \times 2^1 + 1 \times 2^0$

二进制权重在 DAC 中应用非常广泛，二进制加权 DAC 的电路结构简单，不需要额外的译码电路，需要的开关数量较少。但是随着 DAC 位数增加，最高位与最低位的匹配性下降，导致失配增大，从而恶化电路性能。

2.1.3　组合权重

组合权重是指在加权网络中既存在一元权重又存在二进制权重，假设高 m 位为一元权重，低 n 位为二进制权重，则组合权重后输出的数字码 D_{out} 的计算如式（2-3）所示，其中 d_j $(j=0,1,\cdots,m-1)$ 为温度计码，$b_i(i=0,1,\cdots,n-1)$ 为二进制码。表 2-3 所示为 7 位温度计码与 3 位二进制码的对应关系。n 位二进制码需要 2^n-1 位的一元权重数字码来表示，即

$$D_{out} = + \sum_{j=0}^{m-1} d_j \times 2^n + \sum_{i=0}^{n-1} b_i \times 2^i \qquad (2-3)$$

表 2-3　7 位温度计码与 3 位二进制码的对应关系

十进制码 D_{out}	温度计码							二进制码		
	d_6	d_5	d_4	d_3	d_2	d_1	d_0	b_2	b_1	b_0
0	0	0	0	0	0	0	0	0	0	0

十进制码 D_{out}	温度计码							二进制码		
	d_6	d_5	d_4	d_3	d_2	d_1	d_0	b_2	b_1	b_0
1	0	0	0	0	0	0	1	0	0	1
2	0	0	0	0	0	1	1	0	1	0
3	0	0	0	0	1	1	1	0	1	1
4	0	0	0	1	1	1	1	1	0	0
5	0	0	1	1	1	1	1	1	0	1
6	0	1	1	1	1	1	1	1	1	0
7	1	1	1	1	1	1	1	1	1	1

采用一元权重编码的 DAC 具有较好的线性度，但是当 DAC 位数很大时，译码电路变得复杂，电路规模会呈指数级增长。二进制码的 DAC 结构简单，但是线性度较差。因此，无论是一元权重 DAC 还是二进制权重 DAC，通常很难单独应用于高精度 DAC 中。由于高位对线性度影响较大，而低位对线性度影响较小，根据一元权重和二进制权重的特点，组合权重的结构被提出，在低位使用二进制权重减少电路规模，在高位使用一元权重提高线性度，这种混合架构 DAC 同时具备两种权重方式的优点，经常被应用于高精度领域。

2.2 典 型 结 构

DAC 按照构成元件的不同分为 4 种基本结构：电阻梯结构、电容阵列结构、电阻-电容混合结构、电流舵结构，其基本工作原理均为将电压、电荷或者电流按一定比例进行缩放，再进行加权求和，下面对这 4 种基本结构的工作原理进行介绍。

2.2.1 电阻梯结构

电阻梯 DAC 的电阻网络通常由多个电阻的串、并联组成，根据单位电阻的连接形式与阻值大小，可进一步划分为开尔文分压器型 DAC、二进制加权电阻型 DAC 与 R-2R 型 DAC。

1. 开尔文分压器型 DAC

开尔文分压器型 DAC 也称电阻串型 DAC，作为最简单的 DAC，主要依靠电阻分压进行数模转换，其系统结构如图 2-1 所示，N 位的二进制数字信号 $b_i(i=0,1,\cdots,N-1)$ 受时钟信号 Clk 控制存入寄存器并统一输入编码器中，将其转换为 2^N 位数字信号，DAC 电阻网络是由 2^N 个相同的单位电阻组成的，每个节点都由一个开关控制输出，编码器转换完成的 2^N 位数字信号通过控制 2^N 个开关的通断即可选择是否输出所在支路的电压分量，输出的电压分量为最终的模拟输出电压 V_{out}。

当输入的数字信号 $b_0=b_1=\cdots=b_{N-1}=0$ 时，开关 S_0 闭合，其余开关断开，输出 V_{out} 直接与地相连，此时 $V_{out}=0$；当 $b_0=1$，$b_1=b_2=\cdots=b_{N-1}=0$ 时，开关 S_1 闭合，剩余开关断开，此时输出电压等于 2^N 个等值电阻中单个电阻对参考电压 V_{ref} 的分压，即 $V_{out}=V_{ref}/2^N$；以此类推，可得输出电压 V_{out} 与输入二进制码 b_i 的关系为

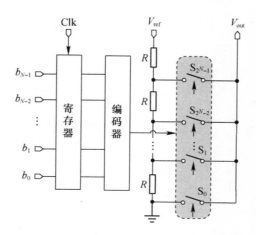

图 2-1　开尔文分压器型 DAC 的系统结构[1]

$$V_{\text{out}} = V_{\text{ref}} \times (b_{N-1} \cdot 2^{-1} + b_{N-2} \cdot 2^{-2} + \cdots + b_1 \cdot 2^{-(N-1)} + b_0 \cdot 2^{-N}) = \frac{V_{\text{ref}}}{2^N} \sum_{i=0}^{N-1} b_i 2^i \qquad (2\text{-}4)$$

　　根据式（2-4）可得该结构 DAC 的最大输出电压会比参考电压 V_{ref} 小 1LSB，例如，一个 3 位 DAC 的输入为 000 时，输出 V_{out}=0；输入为 111 时，输出 V_{out}= (7/8)V_{ref}。有些读者可能考虑将图 2-1 中电阻网络的分压开关均向上移动一个节点，这样当输入为 111 时，输出 V_{out}=V_{ref}，但会导致当输入为 000 时，最小输出 V_{out} = (1/8)V_{ref}，因此并不可行，这个问题是由于 DAC 所固有的量化误差所导致的，只能通过提高输入的位数来缓解，本节后续 DAC 的输出范围分析同理。

　　开尔文分压器型 DAC 中电阻和开关是电路构成的主要组成部分，其数量由输入信号的分辨率所决定，当 DAC 的分辨率为 N 位时，所需的电阻和开关数量将达到 2^N，随分辨率的提高而指数级增长，造成面积和功耗的开销过大，并且由于电阻间的匹配性要求，不利于在高精度领域中应用。这种结构的 DAC 同样不适用于高速应用领域，由于输出节点的时间常数较大，导致建立到所需精度的时间过长，限制了速度的提高，因此，这种结构的 DAC 通常在低速和低精度领域中应用。

2. 二进制加权电阻型 DAC

　　二进制加权电阻型 DAC 通常由寄存器、由单位电阻构成的二进制加权电阻网络、开关、（求和）放大器和反馈电阻组成，其结构如图 2-2 所示，N 位的数字信号 $b_i (i=0,1,\cdots,N-1)$ 受时钟信号 Clk 控制存入寄存器并统一送入电阻网络中，数字信号的高低电平分别控制加权电阻网络中对应开关 $S_i (i=0,1,\cdots,N-1)$ 是否接入放大器，即是否参与加权求和。由于各个支路中的电阻值比例为二进制的，因此可以得到具有二进制比例的电流值，最后将参与加权求和的总模拟电流经放大器转换为电压形式，即得到最终的输出电压 V_{out}。

　　图 2-2 中，开关 S_0, S_1,…, S_{N-1} 分别受输入的二进制码 b_0, b_1,…, b_{N-1} 控制。当 b_i=0 时，S_i 接地，则该支路不向放大器提供电流；当 b_i=1 时，S_i 与放大器的负输入端相接，该支路将提供一个支路电流 $I_i (i=0,1,\cdots,N-1)$。当所有开关切换完成后，支路电流流向放大器的负输入端，经过放大器与反馈电阻 R_f 将支路的总电流转换为电压的形式进行输出。各支路提供的电流为

$$I_i = \frac{V_{\text{ref}}}{2^{N-1-i} R} b_i \qquad (2\text{-}5)$$

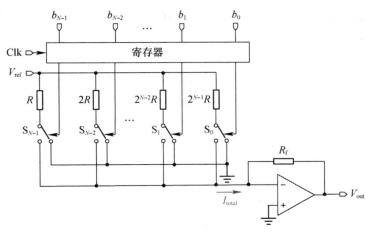

图 2-2 二进制加权电阻型 DAC 的系统结构[1]

根据理想运算放大器虚短、虚断的原理可得，运算放大器的负端电压为 0，并且支路提供的总电流 I_{total} 会全部流向反馈电阻 R_f，由此可以推导出输出电压 V_{out} 和输入数字码 b_i 的关系为

$$V_{out} = 0 - R_f \cdot I_{total} = -R_f \cdot (I_0 + I_1 + \cdots + I_{N-1}) = -R_f \sum_{i=0}^{N-1} \frac{V_{ref}}{2^{N-1-i}R} b_i \qquad (2\text{-}6)$$

当 $R_f = R/2$ 时，代入式（2-6）可以得到输出 V_{out} 与输入二进制码 b_i 的关系，如式（2-7）所示，实现了从数字信号还原为模拟信号的功能。

$$V_{out} = -\frac{V_{ref}}{2^N} \sum_{i=0}^{N-1} 2^i b_i \qquad (2\text{-}7)$$

二进制加权电阻型 DAC 的优点在于无须额外的译码电路，使其在电路硬件实现方面相对简单。然而，这种结构的 DAC 所构成的电阻值并不统一，导致匹配性较差，其次，随着分辨率的提高，电阻值以指数增长，导致面积开销过大，因此通常在中低精度领域应用。

3. R-2R 型 DAC

图 2-3 给出了一个 N 位 R-2R 型 DAC 的系统结构，其工作原理与二进制加权电阻型 DAC 的分析类似，它是在二进制加权电阻型 DAC 的基础上运用等效电阻的基本原理进行设计的，其电阻网络中只用到了 R 和 $2R$ 两种阻值的电阻，避免了随分辨率增加导致的电阻值以指数增长的问题，从而使面积得到有效降低，并且由于等效后的电阻值较小，使得开关导通后输出电压充分建立的时间较短，因此适用于中高速领域。

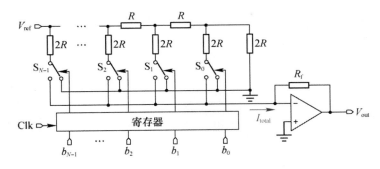

图 2-3 N 位 R-2R 型 DAC 的系统结构[1]

图 2-3 中，开关 $S_0, S_1, \cdots, S_{N-1}$ 受输入的二进制码 $b_0, b_1, \cdots, b_{N-1}$ 控制，当输入的二进制码 $b_i(i=0,1,\cdots,N-1)=0$ 时，开关 $S_i(i=0,1,\cdots,N-1)$ 将切换到地。当输入的二进制码 $b_i=1$ 时，S_i 将切换到放大器的负输入端。R-$2R$ 型 DAC 的电阻网络从任意一个 R 电阻的两端向右等效，二端口网络的等效电阻均为 R，等效电阻的推导过程如图 2-4 所示。

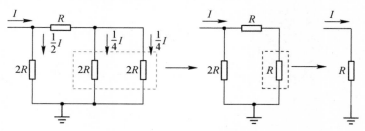

图 2-4 二端口网络等效电路

流入 R-$2R$ 电阻网络中的总电流 I 为

$$I = \frac{V_{\text{ref}}}{R} \tag{2-8}$$

由上述分析可得每条支路的电流值为二进制比例，可得支路电流 $I_i(i=0,1,\cdots,N-1)$ 为

$$I_i = \frac{V_{\text{ref}}}{2^{N-i}R} \tag{2-9}$$

最终流入放大器的总电流 I_{total} 为

$$I_{\text{total}} = \sum_{i=0}^{N-1} I_i \cdot b_i = \frac{V_{\text{ref}}}{2^N R} \sum_{i=0}^{N-1} 2^i \cdot b_i \tag{2-10}$$

当反馈电阻 $R_f = R$ 时，可以得到输出电压 V_{out} 和输入的二进制码 b_i 的关系为

$$V_{\text{out}} = -R_f \cdot I_{\text{total}} = -R \cdot \frac{V_{\text{ref}}}{2^N R} \sum_{i=0}^{N-1} 2^i \cdot b_i = -\frac{V_{\text{ref}}}{2^N} \sum_{i=0}^{N-1} 2^i \cdot b_i \tag{2-11}$$

R-$2R$ 型 DAC 仅有的两种电阻使其所占面积较小，但其支路电流是由电阻进行多次等效得到的，因此当电阻存在相对失配或寄生效应时，相邻支路的电流不再满足二进制比例并会产生较大偏差，因此不适用于高精度应用场景。

2.2.2 电容阵列结构

电容阵列 DAC 的电容网络通常由多个电容并联构成，根据电容的连接形式可分为二进制电容阵列 DAC 与分段电容阵列 DAC，这两种结构 DAC 的工作原理均依据电荷守恒定律，通过对电容网络的总电荷进行重分配，实现数字信号转换为模拟信号[2]。

1. 二进制电容阵列 DAC

二进制电容阵列 DAC 的系统结构如图 2-5 所示，由寄存器、电容、开关和电压跟随器构成，其中 $C_i=2^i C_0(i=0,1,\cdots,N-1)$，$C_L=C_0$，$C_0$ 为单位电容。通常在输出没有大负载的情况下可以省略电压跟随器。N 位的数字信号 $b_i(i=0,1,\cdots,N-1)$ 受时钟信号 Clk 控制存入寄存器并统一送入二进制电容网络中，当输入的二进制码 $b_i=0$ 时，开关 $S_i(i=0,1,\cdots,N-1)$ 将切换到地，当输入的二进制码 $b_i=1$ 时，开关 S_i 将切换到参考电压 V_{ref}。

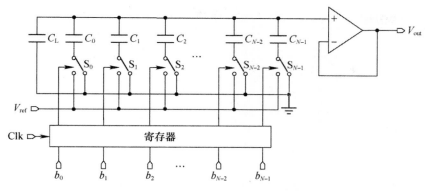

图 2-5 二进制电容阵列 DAC 的系统结构[1]

下面分析二进制电容阵列 DAC 的工作过程。当输入的二进制码由高位到低位分别为 1000…000 时，开关 S_{N-1} 将电容 C_{N-1} 与 V_{ref} 相连，其余电容的底极板全部接地，等效后的电路如图 2-6 所示，C_{sum} 为电容阵列等效总电容，其输出电压 V_{out} 为

$$V_{\text{out}} = \frac{C_{N-1}}{C_{N-1} + (C_{\text{sum}} - C_{N-1})} \cdot (V_{\text{ref}} - 0) \tag{2-12}$$

根据上述分析可得，输入的二进制码 b_i 和输出电压 V_{out} 的关系为

$$V_{\text{out}} = \frac{V_{\text{ref}}}{C_{\text{sum}}} \sum_{i=0}^{N-1} b_i \cdot C_i = \frac{V_{\text{ref}}}{2^N C_0} \sum_{i=0}^{N-1} b_i \cdot C_i = \frac{V_{\text{ref}}}{2^N C_0} \sum_{i=0}^{N-1} 2^i b_i \cdot C_0 = \frac{V_{\text{ref}}}{2^N} \sum_{i=0}^{N-1} 2^i b_i \tag{2-13}$$

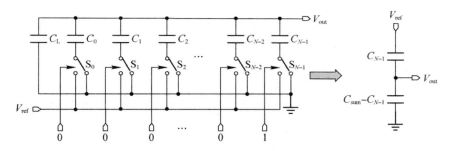

图 2-6　C_{N-1} 电容分压等效图

通常情况下，电容比电阻具有更好的匹配度，因此，电容型 DAC 比电阻型 DAC 可以实现更高的精度，但是二进制电容阵列 DAC 与二进制加权电阻型 DAC 类似，同样面临随着分辨率提高，单位元件数量呈指数级增长，从而导致面积开销过大的问题，并且由于总电容值较大，电容重分配建立到所需精度的时间相应延长，导致 DAC 的转换速度下降，因此通常应用于中等精度和中等采样率领域。

2. 分段电容阵列 DAC

将上面的二进制电容阵列进行分段可以有效降低单位电容数量，图 2-7 给出了两分段电容阵列 ADC 的系统结构，其电容阵列由 m 位高段（MSB 段）电容阵列 C_{MSB}、l 位低段（LSB 段）电容阵列 C_{LSB} 和桥接电容 C_a 三部分组成，其中 C_u 代表单位电容，C_l 和 C_m 均为补偿电容，下面将对其工作原理进行详细分析。

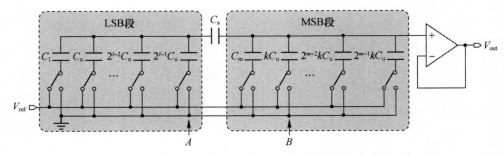

图 2-7　两分段电容阵列 ADC 的系统结构

分段电容阵列 ADC 的输出电压 V_{out} 与二进制电容阵列 DAC 的相同，桥接电容 C_a 的计算方法为掌握分段电容阵列 ADC 工作原理的关键。以本节两分段电容阵列为例，当最低位到最高位电容的底极板逐次产生一个大小相同的电压跳变时，高段电容阵列顶极板的电压变化量应满足二进制递增的关系，由于高段和低段内部的电容已经满足二进制比例，因此，通过高段和低段相邻电容的电压切换值的对应关系即可得出应配置桥接电容 C_a 的大小。

如图 2-8（a）所示，C_{LSB} 为 LSB 段电容阵列的等效电容，C_{MSB} 为 MSB 段电容阵列的等效电容。当 A 节点输入从 GND 到 V_{ref} 的阶跃信号时，MSB 段电容阵列顶极板的电压变化值 ΔV_{out1} 为

$$\Delta V_{out1} = \frac{kC_u}{\dfrac{C_a C_{LSB}}{C_a + C_{LSB}} + C_{MSB} - kC_u + kC_u} \cdot V_{ref} \tag{2-14}$$

即

$$\Delta V_{out1} = \frac{kC_u(C_a + C_{LSB})}{C_{MSB}(C_a + C_{LSB}) + C_a C_{LSB}} \cdot V_{ref} \tag{2-15}$$

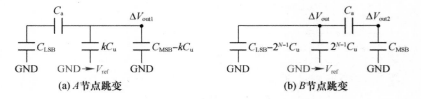

(a) A 节点跳变　　　　　　　　　　(b) B 节点跳变

图 2-8　两分段电容阵列等效分析

如图 2-8（b）所示，当 B 节点输入从 GND 到 V_{ref} 的阶跃信号时，LSB 段电容阵列顶极板的电压变化值 ΔV_{out} 为

$$\Delta V_{out} = \frac{2^{l-1} C_u}{\dfrac{C_a C_{MSB}}{C_a + C_{MSB}} + C_{LSB} - 2^{l-1} C_u + 2^{l-1} C_u} \cdot V_{ref} \tag{2-16}$$

进而计算 LSB 段电容阵列顶极板的电压变化值 ΔV_{out} 对 MSB 段电容阵列顶极板的电压变化值 ΔV_{out2} 为

$$\Delta V_{out2} = \frac{C_a}{C_a + C_{MSB}} \cdot \Delta V_{out} \tag{2-17}$$

即
$$\Delta V_{out2} = \frac{2^{l-1}C_aC_u}{C_{MSB}(C_a + C_{LSB}) + C_aC_{LSB}} \cdot V_{ref}$$ （2-18）

由于 B 节点电压切换对 MSB 段电容阵列顶极板的电压变化量是 A 节点电压切换的 2 倍，可得

$$\Delta V_{out1} = 2 \cdot \Delta V_{out2}$$ （2-19）

桥接电容 C_a 的计算通式为

$$C_a = \frac{k}{2^l - k}C_{LSB}$$ （2-20）

可以发现，LSB 段电容阵列的补偿电容 C_l 取值通常是为了将桥接电容 C_a 取整，避免版图中出现分数电容从而影响匹配。而 MSB 段电容阵列的补偿电容 C_m 并不会影响桥接电容 C_a 的取值，因此理论上最高位并不需要补偿电容，但还需要综合考虑采样方式来决定。分段电容阵列采样分为全电容阵列采样和仅高段电容阵列采样两种。当采样方式为全电容阵列采样时，MSB 段电容阵列不需要补偿电容 C_m，这是由于 LSB 段电容阵列和桥接电容 C_a 等效完成后与补偿电容 C_m 的作用相同；当采样方式为仅高段电容阵列采样时，MSB 段电容阵列需要补偿电容 C_m，且与 MSB 段电容阵列的单位电容的大小相同，这是由于 LSB 段电容阵列和桥接电容 C_a 虽然不参与采样但参与量化，不添加补偿电容 C_m 会带来增益误差。

与两分段电容阵列 ADC 相比，三分段电容阵列 ADC 能够进一步减少单位电容数量。图 2-9 给出了三段式电容阵列 ADC 的系统结构，其电容阵列由 h 位高段电容阵列 MSB、m 位中段电容阵列 MID、l 位低段子电容阵列 LSB、连接高段和中段电容阵列的桥接电容 C_b 以及连接中段和低段电容阵列的桥接电容 C_a 组成，其工作原理与两分段电容阵列 ADC 类似，下面进行分析。

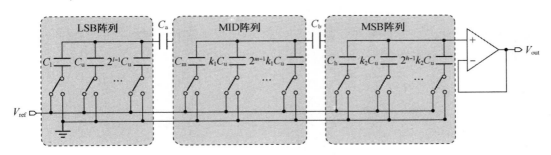

图 2-9　三分段电容阵列 ADC 的系统结构

桥接电容 C_a 和 C_b 的计算方法为掌握三分段电容阵列 ADC 工作原理的关键。桥接电容 C_a 的计算过程与两分段电容阵列 ADC 的相同，其值为

$$C_a = \frac{k_1}{2^l - k_1}C_{LSB}$$ （2-21）

在计算桥接电容 C_b 时，首先需要将 LSB 阵列、MID 阵列及桥接电容 C_a 总体等效为一个低段阵列，具体为在桥接电容 C_b 向左端看进去，LSB 阵列与桥接电容 C_a 串联后与 MID 阵列并联，可得总等效电容 C_{MID_LSB} 为

$$C_{\text{MID\_LSB}} = \cfrac{\cfrac{C_{\text{a}} C_{\text{LSB}}}{C_{\text{a}} + C_{\text{LSB}}} \cdot C_{\text{MID}}}{\cfrac{C_{\text{a}} C_{\text{LSB}}}{C_{\text{a}} + C_{\text{LSB}}} + C_{\text{MID}}} \tag{2-22}$$

则桥接电容 C_{b} 的计算通式为

$$C_{\text{b}} = \frac{k_2}{2^m - k_2} \cdot C_{\text{MID\_LSB}} = \frac{k_2}{2^m - k_2} \left(\cfrac{\cfrac{C_{\text{a}} C_{\text{LSB}}}{C_{\text{a}} + C_{\text{LSB}}} \cdot C_{\text{MID}}}{\cfrac{C_{\text{a}} C_{\text{LSB}}}{C_{\text{a}} + C_{\text{LSB}}} + C_{\text{MID}}} \right) \tag{2-23}$$

补偿电容 C_{h}、C_{m}、C_{l} 的取值方法与两分段电容阵列 ADC 的类似，补偿电容 C_{m}、C_{l} 的取值直接影响桥接电容 C_{a} 的大小，而 MSB 阵列的补偿电容 C_{h} 的取值与两分段电容阵列 ADC 的相同。

2.2.3 电阻-电容混合结构

在上述电阻梯结构 DAC 和电容阵列结构 DAC 的基础上衍生出了电阻-电容混合结构 DAC，其根据高位与低位结构的不同细分为 *R-C* 混合型 DAC 与 *C-R* 混合型 DAC[2]。

1. *R-C* 混合型 DAC

图 2-10 所示为 N（$N=m+n$）位 *R-C* 混合型 DAC 的系统结构，该结构中的高 m 位为开尔文分压器结构，低 n 位为二进制电容阵列结构，其中 $C_i=2^i C_0$（$i=0,1,\cdots,n$），$C_{\text{L}}=C_0$，C_0 为单位电容。N 位数字信号 b_i（$i=0,1,\cdots,N-1$）受时钟信号 Clk 控制存入寄存器，高 m 位二进制数字码经编码器送入电阻网络，通过数字码高低电平控制开关 S_{hn} 和 S_{hp}，进而产生参考电压 V_{refp} 和 V_{refn}，低 n 位二进制数字码送入电容网络中，控制 S_l 开关的切换。电阻网络生成的 V_{refp} 和 V_{refn} 代替了传统的参考电压和地，即当输入数字码为 1 时，电容网络所在支路的电容底极板切换到 V_{refp}，当输入数字码为 0 时，电容网络所在支路的电容底极板切换到 V_{refn}。

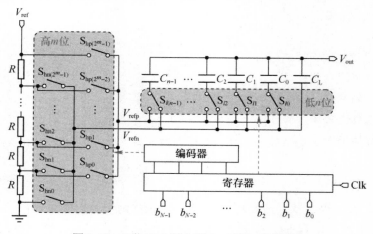

图 2-10 N 位 *R-C* 混合型 DAC[1]的系统结构

根据开尔文分压器型 DAC 和二进制电容阵列 DAC 的分析以及 V_{out} 处的电荷守恒关系，可以得到

$$
\begin{aligned}
V_{out} \cdot 2^n C_0 = &\ V_{refp}(2^0 b_0 + 2^1 b_1 + \cdots + 2^{n-1} b_{n-1}) C_0 + \\
&\ V_{refn}[2^n - 1 - (2^0 b_0 + 2^1 b_1 + \cdots + 2^{n-1} b_{n-1}) + 1] C_0
\end{aligned}
\tag{2-24}
$$

进而得出

$$
\begin{aligned}
V_{out} = &\ \frac{V_{refp}}{2^n}(2^0 b_0 + 2^1 b_1 + \cdots + 2^{n-1} b_{n-1}) + \\
&\ \frac{V_{refn}}{2^n}[2^n - (2^0 b_0 + 2^1 b_1 + \cdots + 2^{n-1} b_{n-1})]
\end{aligned}
\tag{2-25}
$$

电阻网络输出电压 V_{refn} 和 V_{refp} 分别为

$$
V_{refn} = V_{ref} \times (b_{N-1} \cdot 2^{-1} + b_{N-2} \cdot 2^{-2} + \cdots + b_{N-m+1} \cdot 2^{-(m-1)} + b_{N-m} \cdot 2^{-m})
\tag{2-26}
$$

$$
V_{refp} = V_{refn} + \frac{V_{ref}}{2^m}
\tag{2-27}
$$

将式（2-26）和式（2-27）代入式（2-25），可得输出 V_{out} 和输入的二进制码 b_i 的关系为

$$
\begin{aligned}
V_{out} &= \frac{V_{refn} + \dfrac{V_{ref}}{2^m}}{2^n} \cdot \sum_{i=m+1}^{N} 2^{N-i} b_{N-i} + \frac{V_{refn}}{2^n} \cdot \left(2^n - \sum_{i=m+1}^{N} 2^{N-i} b_{N-i} \right) \\
&= \frac{V_{ref}}{2^N} \cdot \sum_{i=m+1}^{N} 2^{N-i} b_{N-i} + V_{refn} \\
&= V_{ref} \sum_{i=1}^{N} 2^{-i} b_{N-i}
\end{aligned}
\tag{2-28}
$$

采用本节的 R-C 组合方式，高位温度计码型电阻网络能保证良好的线性度，而低位的电容又具有较好的匹配精度，这样能够保证整体 DAC 具有较好的 INL 和 DNL，同时可以通过调节电阻阵列和二进制电容阵列的位数分配比例，有效地在功耗、线性度和面积等方面进行折中，以满足不同指标下对 DAC 的要求。

2. C-R 混合型 DAC

图 2-11 所示为 N（$N=m+n$）位 C-R 混合型 DAC 的系统结构，其中高 m 位为二进制电容阵列结构，低 n 位为开尔文分压器结构，其中 $C_i = 2^i C_0 (i=0,1,\cdots,n)$，$C_L = C_0$，$C_0$ 为单位电容。两种结构由补偿电容 C_L 连接，与分段电容阵列 DAC 类似，但不同之处在于本节的低位通过电阻网络实现。N 位的数字信号 $b_i(i=0,1,\cdots,N-1)$ 受时钟信号 Clk 控制存入寄存器，低 n 位二进制数字码经编码器送入电阻网络，通过数字码高低电平控制开关 S_l，进而产生参考电压 V_1，高 m 位二进制数字码送入电容网络中，控制 S_h 开关的切换。

根据开尔文分压器型 DAC 和二进制电容阵列 DAC 的分析以及 V_{out} 处的电荷守恒关系，可以得到

$$
\begin{aligned}
V_{out} \cdot 2^m C_0 = &\ V_{ref}(b_{N-1} \cdot 2^{m-1} C_0 + b_{N-2} \cdot 2^{m-2} C_0 + \cdots + \\
&\ b_{N-m} \cdot 2^{m-m} C_0) + V_1 \cdot C_0
\end{aligned}
\tag{2-29}
$$

进而得出

$$
V_{out} = V_{ref}(b_{N-1} \cdot 2^{-1} + b_{N-2} \cdot 2^{-2} + \cdots + b_{N-m} 2^{-m}) + V_1 \cdot 2^{-m}
\tag{2-30}
$$

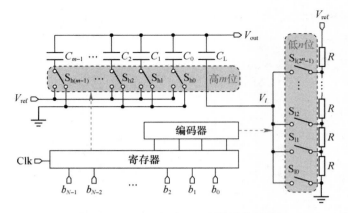

图 2-11　*C-R* 混合型 DAC[1]的系统结构

其中

$$V_l = V_{ref}(b_{n-1} \cdot 2^{-1} + b_{n-2} \cdot 2^{-2} + \cdots + b_1 \cdot 2^{-(n-1)} + b_0 \cdot 2^{-n}) \quad (2\text{-}31)$$

将式（2-31）代入式（2-30），可得输出 V_{out} 和输入的二进制码 b_i 的关系为

$$
\begin{aligned}
V_{out} &= V_{ref}(b_{N-1} \cdot 2^{-1} + b_{N-2} \cdot 2^{-2} + \cdots + b_{N-m} \cdot 2^{-m}) + \\
&\quad V_{ref}(b_{n-1} \cdot 2^{-m-1} + b_{n-2} \cdot 2^{-m-2} + \cdots + b_1 \cdot 2^{-(n-1)-m} + b_0 \cdot 2^{-n-m}) \\
&= V_{ref}\left(\sum_{i=1}^{m} b_{N-i} \cdot 2^{-i} + \sum_{i=m+1}^{N} b_{N-i} \cdot 2^{-i}\right) \\
&= V_{ref}\sum_{i=1}^{N} b_{N-i} \cdot 2^{-i}
\end{aligned}
\quad (2\text{-}32)
$$

C-R 混合型 DAC 解决了分段电容阵列 DAC 中的桥接电容值为分数的问题，使桥接电容为整数电容，降低了生产过程中对桥接电容的精度要求。并且高位由电容组成，工艺上通常其精度相对于电阻更高，提高了整体的线性度。

2.2.4　电流舵结构

电流舵 DAC 无须大量电阻或电容，通过控制开关将不同支路电流源产生的电流输出，并对不同权重的电流进行加权，完成数字信号到模拟信号的转换。电流舵 DAC 根据输入与电流源之间的控制方式，分为二进制电流舵 DAC、温度计码电流舵 DAC 和分段式混合型电流舵 DAC。

1. 二进制电流舵 DAC

二进制电流舵 DAC 的系统结构如图 2-12 所示，以输出模拟电流信号为例，由寄存器、电流源及开关构成。N 位的数字信号 $b_i(i=0,1,\cdots,N\text{-}1)$ 受时钟信号 Clk 控制存入寄存器并统一送入二进制电流源网络中，当输入二进制码 $b_i=0$ 时，开关 $S_i(i=0,1,\cdots,N\text{-}1)$ 将切换到地，当 $b_i=1$ 时，开关 S_i 将切换到输出端。

综上所述，可得输出电流 I_{out} 和输入二进制码 b_i 的关系为

$$I_{out} = b_0 \cdot 2^0 I + b_1 \cdot 2^1 I + \cdots + b_{N-1} 2^{N-1} I = I\sum_{i=0}^{N-1} b_i 2^i \quad (2\text{-}33)$$

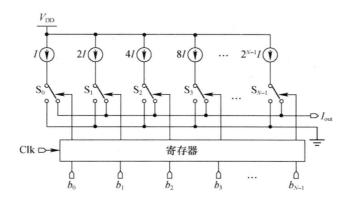

图 2-12　二进制电流舵 DAC 的系统结构[1]

二进制电流舵 DAC 具有简单的转换方式，输入码直接控制相应权重的电流，无须额外编码逻辑，同时开关数量较少，有助于降低面积和功耗开销。

2. 温度计码电流舵 DAC

温度计码电流舵 DAC 改善了二进制电流舵 DAC 的线性度缺点，其系统结构如图 2-13 所示，以输出模拟电流信号为例，由寄存器、译码器、单位电流源及开关构成，其特点是每一个电流源支路对应 DAC 的 1LSB。N 位的数字信号 $b_i(i=0,1,\cdots,N-1)$ 受时钟信号 Clk 控制存入寄存器并统一输入译码器中，将其转换为 2^N 位数字信号。电流源网络由 2^N 个相同的单位电流源组成，每个节点都由一个开关控制输出，译码器转换完成的 2^N 位数字信号通过控制 2^N 个开关的通断即可选择是否输出所在支路的电流分量。根据上述的分析，可以推导出输出电流 I_{out} 和输入二进制码 b_i 的关系，同式（2-33）。

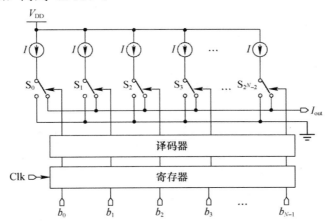

图 2-13　温度计码电流舵 DAC 的系统结构[1]

温度计码电流舵 DAC 需要译码电路，DAC 的分辨率每增加一位，译码电路的 MOS 管数量也要随之增加，并且每个温度计码对应一个选通开关，导致面积开销过大。

3. 分段式混合型电流舵 DAC

二进制电流舵 DAC 的位数较高时，会出现电流源间较大的相对失配，导致 DAC 的非线性情况恶化，而温度计码电流舵 DAC 虽然克服了这种缺点，但面积开销较大，因此通常结合两种结构的 DAC 构成分段式混合型电流舵 DAC，如图 2-14 所示为 N（$N=m+n$）位分段式混合型电流舵 DAC 的系统结构。N 位的数字信号 $b_i(i=0,1,\cdots,N-1)$ 受时钟信号 Clk 控制存入寄存器，高 m 位采用温度计码实现较好的线性度，将数字码经编码器送入电流源网络，控制 S_h 开关的切换。低 n 位采用二进制码以降低面积，将数字码直接送入电流源网络中，控制 S_l 开关的切换。根据二进制电流舵 DAC 和温度计码电流舵 DAC 的结论，可得输出电流 I_{out} 与输入二进制码 b_i 的关系为

$$
\begin{aligned}
I_{out} &= (b_n \cdot 2^0 + \cdots + b_{N-2} \cdot 2^{m-2} + b_{N-1} \cdot 2^{m-1})2^n I + \\
&\quad (b_0 \cdot 2^0 I + \cdots + b_{n-2} \cdot 2^{n-2} I + b_{n-1} \cdot 2^{n-1} I) \\
&= 2^n I \sum_{i=1}^{m} 2^{m-i} b_{N-i} + I \sum_{i=m+1}^{N} 2^{N-i} b_{N-i} \\
&= 2^N I \sum_{i=1}^{N} 2^{-i} b_{N-i}
\end{aligned}
\tag{2-34}
$$

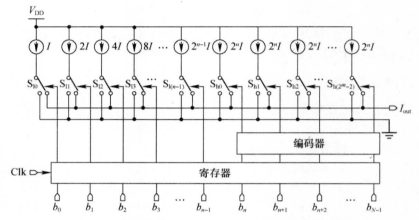

图 2-14　N 位分段式混合型电流舵 DAC 的系统结构[1]

分段式混合型电流舵 DAC 对二进制电流舵 DAC 和温度计码电流舵 DAC 的优缺点进行了折中，综合考虑了性能和面积要求。

2.3　一种 10 位两分段电流舵 DAC[3]

下面基于 0.18μm CMOS 工艺，介绍一种采用"6+4"分段结构的 10 位 500MS/s 电流舵 DAC。从系统结构的描述出发，一方面介绍 10 位两分段电流舵 DAC 中的模块电路，另一方面阐述如何通过版图布局减小系统性失配和电流源失配。

2.3.1　系统结构

如图 2-15 所示为 10 位两分段电流舵 DAC 的整体架构，数字输入 $D<9:0>$ 经输入寄存器进行同步，高 6 位 $D<9:4>$ 经温度计码译码器译为 63（$2^6-1=63$）个温度计码，低 4 位 $D<3:0>$ 直接通过延迟电路进行延迟，63 个温度计码控制信号和 4 位二进制码控制信号由锁存电路进行同步之后，通过控制开关阵列来选择不同权重的电流源。4 位二进制码 $D<3:0>$ 对应的单位电流源个数分别为 8、4、2、1，每个温度计码对应的单位电流源个数都为 16，整个电流源阵列共包含 1023 个单位电流源。将单位电流源用 I_{unit} 表示，10 位两分段电流舵 DAC 单端输出的电流为

$$I_{out} = 16I_{unit}\sum_{k=4}^{9}D_k2^{k-4} + I_{unit}\sum_{k=0}^{3}D_k2^k \qquad (2\text{-}35)$$

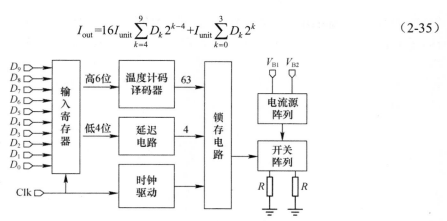

图 2-15   10 位两分段电流舵 DAC 的整体架构

2.3.2   各模块电路

1. 温度计码译码器

温度计码译码器的主要功能是将一个 N 位的二进制码转换为 2^N-1 位的温度计码。由于直接将 6 位二进制码转换为温度计码会非常复杂，因此我们可以将 6 位二进制码分为两部分。将高 3 位输入行译码器，将低 3 位输入列译码器，这样的设计可以通过逻辑选通单元控制电流源，从而减少转换过程中的复杂度。通过这种方式，温度计码译码器能够有效实现二进制码到温度计码的转换，并简化了整个转换过程。6 位二进制码经过行、列译码器之后，转换为 63 位温度计码，这 63 位温度计码决定逻辑选通单元的输出，从而控制相应的开关的开启或断开，使相应电流源的电流流过负载电阻。

2. 输入寄存器

在 DAC 中，由于输入数字信号可能在时间上并不同步，导致信号传输在译码器上不同步，从而产生误差，因此设计中引入输入寄存器，统一利用时钟的上升沿来控制信号的跃变，极大地减小了环境的干扰。如图 2-16 所示为通过 D 触发器实现的寄存器，控制 10 位信号时，需要同时存在 10 个 D 触发器，图中 D 为输入信号，Clk 为时钟信号，Q 为输出信号。在满足 D 触发器建立保持时间的前提下，当 $D=1$、时钟上升沿到来时，输出 Q 变为 1，当 $D=0$、时钟上升沿到来时，输出 Q 变为 0。

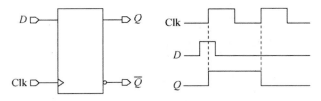

图 2-16   上升沿 D 触发器

3. 电流源阵列和开关阵列

图 2-17 为电流源阵列和开关阵列的结构，电流源阵列主要分为两部分，一部分为二进制码电流源，另一部分为温度计码电流源。电流源单元可以设置为很多不同的形式，可以设置为单

个 NMOS 或者 PMOS 管，也可以设置为共源共栅结构，本节主要说明基于 PMOS 管的共源共栅结构，这种结构的电流源主要有以下优点：①由于 PMOS 管的空穴迁移率比较低，所以采用 PMOS 管的电流源有较低的 1/f 噪声；②从输出电阻方面考虑，在输出电阻比较高时，可以获得更为良好的 SFDR 和 INL；③共源共栅结构具有一定的隔离作用，负反馈的存在使得漏端电压的变化减小，从而减小了沟道长度调制效应。

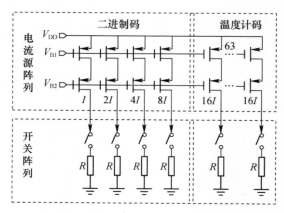

图 2-17　电流源阵列和开关阵列的结构

4．延迟电路

在整个电路中，时钟信号被用来驱动大量的寄存器和同步开关管。由于 PMOS 管栅极电容的存在，时钟信号需要承担驱动庞大电容负载的任务。此外，由于整个系统只使用一个时钟信号，输入寄存器与后面单位电流源内部的同步开关之间存在一定的延时，为了确保输入正确数据，时钟信号需要具有相等或略大于输入寄存器到电流源同步开关的延时。图 2-18 所示为延迟电路，它由一系列反相器组成，共同完成延时和驱动功能。通过采用若干级反相器的仿真，可以找到使得反相器的延时等于或略大于寄存器到电流源同步开关的时间的设置。因此，通过设计合适的反相器延时来匹配寄存器和电流源同步开关之间的延时，延迟电路能够确保时钟信号在系统中的传输和同步工作正常进行，避免发生由时序引发的问题。

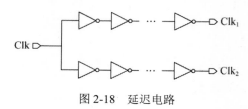

图 2-18　延迟电路

2.3.3　电流源阵列的非线性因素分析

1．电流源失配对非线性的影响

对于电流舵 DAC，电流源阵列的匹配性会直接影响 DAC 的静态特性，也对 DAC 的动态特性有一定影响。由于芯片加工过程中的非理想因素，电流源之间存在失配，主要失配误差包括随机性失配误差和系统性失配误差。

（1）随机性失配误差

随机性失配误差是由于制造工艺的随机性造成的，在电流源阵列中，单位电流源的相对标准偏差与 MOS 管的面积存在如下关系：

$$(WL)_{min} = \left[A_\beta^2 + \frac{4A_{Vth}^2}{(V_{GS} - V_{th})^2} \right] / 2\left(\frac{\sigma I}{I}\right)^2 \tag{2-36}$$

其中，A_β、A_{Vth} 为工艺参数，$\sigma I/I$ 为单位电流源的相对标准偏差。通过增大单位电流源的尺寸，可以缓解随机性失配误差，随机性失配误差通常体现在器件尺寸、掺杂浓度、氧化层厚度等方面。

（2）系统性失配误差

系统性失配误差主要由梯度误差引起，比如掺杂浓度、氧化层厚度等会存在与位置相关的梯度变化，就会导致芯片温度在不同位置存在梯度差异，电源金属走线上不同位置的电位不同。针对梯度误差在电流源阵列横向 x 轴和纵向 y 轴方向上进行分析，系统性失配误差 ΔI 用泰勒级数展开为

$$\Delta I(x,y) = b_0 + b_1 x + b_2 y + b_3 xy + b_4 x^2 + b_5 y^2 + \cdots \tag{2-37}$$

考虑三阶及以上误差较小，式（2-37）可简化为

$$\begin{cases} \Delta I_1(x,y) = b_1 x + b_2 y \\ \Delta I_2(x,y) = b_4 x^2 + b_5 y^2 + b_3 xy \\ \Delta I(x,y) = \Delta I_1(x,y) + \Delta I_2(x,y) + b_0 \end{cases} \tag{2-38}$$

其中，常数项 b_0 表示固定的失调，不会对 DAC 的线性度造成影响，分析梯度误差时可将其忽略。$\Delta I_1(x,y)$ 和 $\Delta I_2(x,y)$ 分别为一阶误差和二阶误差，一阶误差可以通过合理的版图布局加以消除，二阶误差通过版图随机化布局可以缓解，但难以完全消除。图 2-19（a）给出了一阶误差 $\Delta I_1(x,y)$ 和二阶误差 $\Delta I_2(x,y)$ 在电流源阵列 x 方向和 y 方向的表示，图 2-19（b）给出了二者叠加构成的梯度误差。在电流源阵列中，各个电流源 MOS 管的栅极均接固定偏置电压，由于栅极基本上不通电流，所以各个 MOS 管的栅极电位基本一致，而电源金属走线的寄生电阻会引起电位损失，这导致不同 MOS 管的源极电位存在梯度差异，进而影响栅源电压，导致不同单位电流源之间出现电流失配误差。可以将每个单位电流源外围都包围一圈交叉互连的电源线，以减小电源金属走线的电位损失。

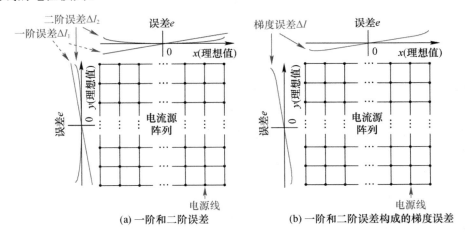

（a）一阶和二阶误差　　　　　　（b）一阶和二阶误差构成的梯度误差

图 2-19　一阶和二阶误差及其构成的梯度误差

2. 电流源输出阻抗对非线性的影响

理想的电流源输出阻抗为无穷大，但实际中有限的输出阻抗会对 DAC 的线性度产生影响。电流舵 DAC 的输出端通常通过阻性负载将输出电流转换为输出电压，如图 2-20 所示为电流源输出阻抗模型，DAC 的输出电阻为被选通电流源的输出电阻与负载电阻并联。以温度计码为例，图 2-20（a）为不考虑寄生电容的电流源等效电路，当电流源接通的个数不同时，与负载电阻并联的电流源输出电阻也不同，因此，DAC 的输出电阻呈现出与输入数字码的相关性，进而影响 DAC 的性能。DNL 与数字输入码的关系为

$$DNL(k) = \frac{g_o g_L (N - 2k + 1) - g_o^2 (k^2 - k)}{g_L^2 + 2k g_o g_L - g_o g_L + (k^2 - k) g_o^2} \tag{2-39}$$

其中，N 为单位电流源的总个数，k 为当前选通的单位电流源个数，g_o 和 g_L 分别为单位电流源的跨导和负载电导。$DNL(k)$ 随 k 的增大而逐渐减小，DNL 最大为

$$DNL_{max} = \frac{g_o (N - 1)}{g_L + g_o} \tag{2-40}$$

$INL(k)$ 随 k 的变化规律为

$$INL(k) = \frac{k(N - k) g_o (g_L + g_o N)}{g_L^2} \tag{2-41}$$

当 k 为中间码时，$INL(k)$ 达到最大值，可表示为

$$INL_{max} = \frac{N^2 g_o (g_L + g_o N)}{4 g_L^2} \tag{2-42}$$

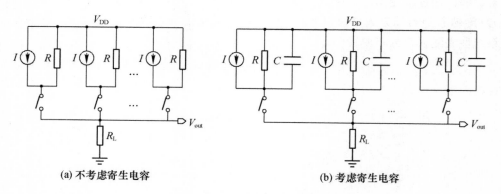

(a) 不考虑寄生电容   (b) 考虑寄生电容

图 2-20 电流源输出阻抗模型

根据式（2-40）和式（2-42），电流源的跨导 g_o 会影响 DAC 的线性度，当负载电导 g_L 不变时，g_o 越小，对应的 INL 和 DNL 也越小，因此提高电流源的输出阻抗可以提高 DAC 的线性度。对于正弦波输入信号，在 t 时刻选通的单位电流源个数 $D(t)$ 为

$$D(t) = N \left[\frac{\sin(\omega t) + 1}{2} \right] \tag{2-43}$$

其中，N 为电流源的总个数，则 DAC 的总输出跨导 g_{out} 由选通单位电流源的总跨导和负载电导决定，即

$$g_{\text{out}}(t) = g_{\text{o}} N \left[\frac{\sin(\omega t) + 1}{2} \right] + g_{\text{L}} \qquad (2\text{-}44)$$

则 t 时刻的输出电压为

$$V_{\text{out}}(t) = \frac{I_{\text{out}}(t)}{g_{\text{out}}(t)} = \frac{N[\sin(\omega t) + 1]I}{2g_{\text{L}} + g_{\text{o}} N[\sin(\omega t) + 1]} \qquad (2\text{-}45)$$

将式（2-45）展开成幂级数，则无杂散动态范围可表示为

$$\text{SFDR} = \frac{4g_{\text{L}} + 2Ng_{\text{o}}}{Ng_{\text{o}}} \qquad (2\text{-}46)$$

图 2-20（b）为考虑寄生电容的电流源等效电路，可用来分析 SFDR。随着输入频率的增加，电流源寄生电容的容抗逐渐减小，当输入信号达到一定频率后，电流源的跨导 g_{o} 的大小主要由容抗的倒数决定，因此频率越高，电流源的跨导 g_{o} 越大，由式（2-46）可知，DAC 的 SFDR 也就越小。综上所述，提高电流源的输出电阻，有利于 DAC 线性度和 SFDR 的优化。

2.3.4 优化非线性的版图布局

1. 版图布局的整体思路

由电流源失配对非线性的影响可知，电流源随机性失配可以通过适当增加电流源 MOS 管的尺寸来缓解，通过版图布局优化减小系统性失配。为了降低系统性失配误差，本节采取电流源阵列 Q^N 旋转游走布局方式，针对式（2-38）描述的电流源系统性失配误差，获得如图 2-21 所示的系统性失配误差分布曲线图。

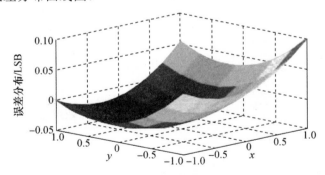

图 2-21　系统性失配误差分布曲线图

考虑到 3 阶及以上阶次误差较小，图 2-21 仅包含了一阶线性误差和二阶非线性误差。本节采取的版图布局方案，其思路是将二阶非线性误差近似线性化，然后通过共中心四象限布局的方式减小线性误差。其中，Q^N 旋转游走布局方式一方面对二阶非线性误差进行调整，使其呈现近似线性的趋势，另一方面在一定程度上缓解一阶线性误差，最后，通过共中心四象限布局的方式，显著减小整体电流源的一阶线性误差。

2. QN 旋转游走布局方式

基于图 2-21 所示的误差分布曲线，图 2-22 以 16 个电流源为例来表述本节采用的 Q^N 旋转游走布局方式（Q^2）。

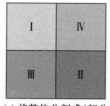 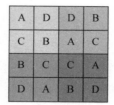 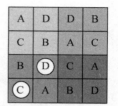

(a) 将整体分割成4部分　　(b) Ⅰ~Ⅳ部分的内部布局　　(c) 将Ⅲ部分的C和D进行交换

图 2-22　Q^2 旋转游走布局方式

① 16 个单元整体分割成 4 部分，以Ⅰ、Ⅱ、Ⅲ、Ⅳ标识，且Ⅰ和Ⅱ、Ⅲ和Ⅳ部分均以对角方式摆放，如图 2-22（a）所示。

② 在Ⅰ~Ⅳ部分中，每部分均包含 4 个电流源单元，以 A、B、C、D 标识，A 和 B、C 和 D 也均采用对角方式摆放。4 个电流源单元 A、B、C、D 在Ⅰ~Ⅳ逐个部分中进行了顺时针旋转，如图 2-22（b）所示。

③ 图 2-22（c）在图 2-22（b）的基础上，将Ⅲ部分中的 C 和 D 两个电流源单元的位置进行交换。图 2-23 对比了 C 和 D 位置交换前后误差分布的情况。通过 C 和 D 位置的交换，能够将二阶非线性误差近似线性化，从而能够通过后续共中心四象限布局的方式减小该部分的误差。

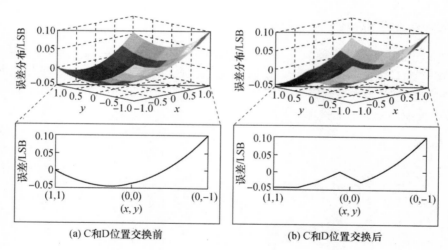

图 2-23　电流源阵列针对二阶非线性误差的调整

3. 10 位两分段电流舵 DAC 版图布局

本节介绍的 10 位两分段电流舵 DAC 采用高 6 位为温度计码、低 4 位为二进制码的组合结构，以 1 个温度计码对应的电流源阵列为 1 个单元，63 个温度计码和低 4 位对应的二进制码共对应 64 个单元，版图布局方式（Q^3）以图 2-24 进行说明。

① 将 64 个单元整体分割成 4 部分，以Ⅰ、Ⅱ、Ⅲ、Ⅳ标识，如图 2-24（a）所示。其中，Ⅰ和Ⅱ、Ⅲ和Ⅳ部分均以对角方式摆放。

② 在Ⅰ~Ⅳ部分中，每部分均又划分为A、B、C、D四个小部分。A和B、C和D也均采用对角方式摆放，如图2-24（b）所示。同时，A、B、C、D在Ⅰ~Ⅳ逐个部分中的位置进行了顺时针旋转。与图2-22中的思路类似，将Ⅱ部分中的C和D交换位置。为了进一步减小局部区域的二阶非线性误差，将Ⅱ部分中的A和B也进行了位置交换。

③ 对于Ⅰ~Ⅳ部分中的A、B、C、D四个小部分，每部分又由1、2、3、4共4个单元构成，如图2-24（c）所示，1、2、3、4分别对应图2-22（c）中的A、B、C、D。根据图2-24中表述的思路，可得如图2-25所示的64个单元的最终布局。

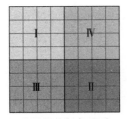 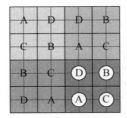 

(a) 将整体分割成4部分　　(b) Ⅰ~Ⅳ部分的内部布局　　(c) Ⅰ~Ⅳ内部共64个单元的布局

图2-24　Q^3旋转游走布局方式

1	49	61	29	16	64	56	24
33	17	13	45	48	32	8	40
25	57	37	5	20	52	44	12
41	9	21	53	36	4	28	60
7	55	59	27	14	62	54	22
39	23	11	43	46	30	6	38
31	63	35	3	18	50	42	10
47	15	19	51	34	2	26	58

图2-25　64个单元的最终布局

Ⅰ→A→1，即图2-25中标号为1的单元，对应图2-24第Ⅰ部分A中的1。

Ⅱ→A→1，即图2-25中标号为2的单元，对应图2-24第Ⅱ部分A中的1。

Ⅲ→A→1，即图2-25中标号为3的单元，对应图2-24第Ⅲ部分A中的1。

Ⅳ→A→1，即图2-25中标号为4的单元，对应图2-24第Ⅳ部分A中的1。

Ⅰ→B→1，即图2-25中标号为5的单元，对应图2-24第Ⅰ部分B中的1。

……

Ⅳ→D→4，即图2-25中标号为64的单元，对应图2-24第Ⅳ部分D中的4。

本节DAC共包含63个温度计码，每个温度计码控制16个单位电流源，加上二进制码控制电流源，整体共包含1023（63×16+15）个单位电流源。考虑金属连线复杂度及金属线寄生电阻的影响，各温度计码电流源均采用共中心四象限（4×4）布局的方式，如图2-26所示。在图2-26中，每个标号位置对应着4个单位电流源组合，相同标号在以中心对称的4个象限各出现一次，组合在一起构成1位温度计码控制的16个单位电流源。

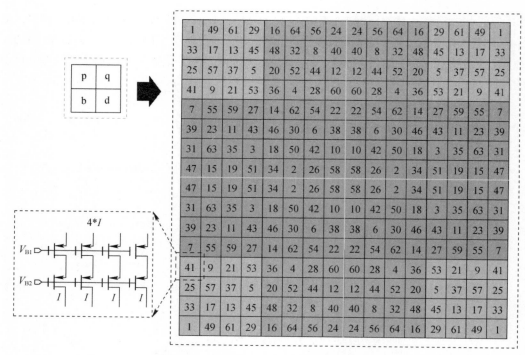

图 2-26　本设计 DAC 电流源阵列整体布局

2.3.5　设计结果分析

采用 0.18μm CMOS 工艺，基于电流源阵列 Q^N 旋转游走版图布局方案，设计实现了一种 10 位 500MS/s 两分段电流舵 DAC，图 2-27 显示的是本设计 DAC 的显微照片，不包括输入、输出端口，IP 核的面积为 620μm×340μm。本设计 DAC 数字部分的电源电压为 1V，模拟部分的电源电压为 1.8V，采用差分输出方式进行设计，输出端接 50Ω 的负载电阻。

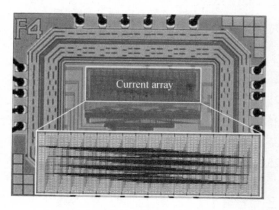

图 2-27 彩图

图 2-27　本设计 10 位 DAC 显微照片

图 2-28（a）显示的是本设计 10 位 DAC 的静态性能测试结果。采用的 Q^N 旋转游走版图布局方案消除了电流源系统性失配的一阶误差，二阶误差对非线性的影响较小。此外，由于本设计采取的版图布局方案，金属布线比较简单，由寄生效应引起的失配较小，电流源的随机性失配误差也通过增加电流源 MOS 管的尺寸进行了优化。本设计 DAC 的微分非线性（DNL）仅为

0.77LSB，积分非线性（INL）为 1.12LSB。图 2-28（a）所示的 DNL 和 INL 测试结果，在输入数字码较小和较大的区域对应的 DNL 值都比较大，而在对中间码进行转换时 DNL 值较小，这是由于在数字输入码较大或较小时，与差分开关管负载相连的电流源在某一端数目较多，另一端数目较少，根据式（2-40）可知，DAC 的差分输出在输入码为中间值时对应的 DNL 值最小，提高电流源输出阻抗可以进一步优化非线性性能。

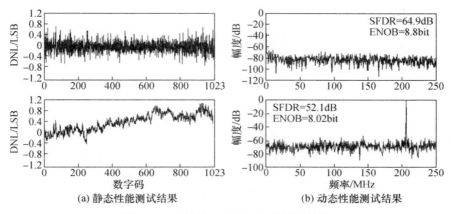

(a) 静态性能测试结果　　　　　　(b) 动态性能测试结果

图 2-28　本设计 10 位 DAC 的测试结果

图 2-28（b）显示的是本设计 10 位 DAC 的动态性能测试结果，在 500MS/s 条件下，分别对 1.465MHz 和 206.05MHz 的输入信号进行了测试和 FFT 分析。本设计 DAC 的 SFDR 与非线性特性和输入信号频率均有关，在低频输入情况下，SFDR 为 64.9dB，ENOB 为 8.8bit。随着输入信号频率的增加，DAC 的 ENOB 与 SFDR 都有一定程度的衰减，根据式（2-46）及对图 2-20（b）的分析，这是由高频情况下电流源的输出阻抗减小导致的。表 2-4 总结了当前已有几种 DAC[4-7]的主要性能，本设计基于电流源阵列 Q^N 旋转游走版图布局的 DAC 在静态性能、面积、功耗等指标方面都具有明显的优越性。

表 2-4　本设计 DAC 与已有工作对比

	[4]	[5]	[6]	[7]	本设计
工艺/nm	180	180	180	180	**180**
电源电压/V	1.35	1.35	1.8	1.8	**1.8/1**
分辨率/位	10	10	10	10	**10**
采样率/(MS/s)	3.125	3.125	400	250	**500**
面积/mm²	0.22	—	0.8	1.1	**0.21**
DNL$_{max}$/LSB	2	6.7	2.6	1.8	**0.77**
INL$_{max}$/LSB	2.4	7.8	1.5	1.6	**1.12**
功耗/mW	0.41	—	20.7	19	**14.3**
SFDR$_{DC}$/dB	52.7	<65	55	56	**64.9**
SFDR$_{Nyquist}$/dB	36.5	<65	55	49	**52.1**

2.4　一种 12 位两分段电流舵 DAC[8]

本节介绍一种具有"4 位分裂码+8 位二进制码"两分段电流舵 DAC，所提出的分裂码译码方法可以优化 DAC 的 DNL 和输出毛刺，电路规模更简化。在数据传输拓扑结构中，分裂码译码电路具有低延迟的特征，能够快速同步控制电流源开关。此外，采用动态单元匹配（DEM，Dynamic Element Matching）技术来抑制分裂电流源失配引起的谐波失真。该 DAC 采用 0.18μm CMOS 工艺设计，面积为 452.82μm×491.76μm，在 1.8V 模拟电源和 1.2V 数字电源供电下，DAC 在 500MS/s 速度时功耗为 12.2mW。输出信号频率为 8.30MHz 时，采用 DEM 技术可以使 DAC 的 SFDR 从 63.18dB 提高到 73.30dB，在奈奎斯特带宽内 SFDR 提高 8～10dB。

2.4.1 系统结构

图 2-29 展示了本节提出的 12 位两分段电流舵 DAC 的结构，它由输入寄存器、分裂码译码电路、动态单元匹配解码器、延时电路、开关驱动电路、电流源和开关阵列组成。高 4 位 B_{11}～B_8 被转换成 7 位分裂码 M_6～M_0。动态单元匹配解码器将分裂码转换为 15 位随机码 U_{22}～U_8，低 8 位 B_7～B_0 通过延时电路后控制二进制加权电流源。

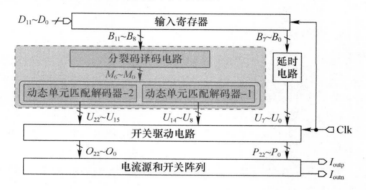

图 2-29　12 位两分段电流舵 DAC 的结构

在高速电路中，数字信号的延迟偏差对 DAC 结果会产生较大影响，因此本设计采用带有时钟控制的锁存器来实现对输入的 12 位数字信号的同步处理。带有时钟控制的锁存器的主要优势在于，能够在时钟高电平触发锁存器传输输入数据，而在时钟为低电平时，锁存器只提供后续电路驱动，并没有任何信号输入，从而显著提高了抗干扰能力。12 位 DAC 需要 12 个输入锁存器，其结构如图 2-30 所示，该锁存器由与非门、反相器组成的 D 触发器实现，并受到同一个时钟信号 Clk 控制，确保输入信号的同步性，Q 为输出，本设计中没有使用到 Q_p 端口。

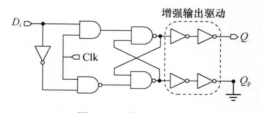

图 2-30　输入锁存器

当 DAC 开始工作时，在 Clk 为高电平时，12 位数字信号同时进入 12 个 D 触发器中，在下一个时钟信号的上升沿到来时，同时将其发送出去，最后由缓冲器增强电路的驱动能力，使电路在带负载时更快建立。电流舵 DAC 由数字输入信号通过译码器产生控制信号，用来控制

PMOS 共源共栅电流源的电流流向，进而得到和数字输入信号相对应的模拟电压。在此过程中，开关的控制需要驱动电路来合理分配差分开关的导通与关断时间，所以开关驱动的性能影响整个 DAC 的动态性能。如果缺少开关驱动电路，DAC 的输出可能会出现明显的毛刺，严重影响最终结果。毛刺的产生通常源于以下 3 个方面：开关控制信号不同步；时钟馈通效应；开关的关断时间。综上所述，锁存器在设计中需要满足以下要求：能够同步译码器输出的数字信号，生成开关的差分信号，并输出所需的摆幅电压，以确保两个差分信号的交叉点满足开关的正常工作。因此，本设计采用的锁存器电路结构如图 2-31 所示。

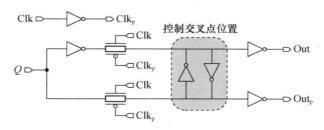

图 2-31　本设计采用的锁存器电路结构

电流源在电流舵 DAC 中扮演重要角色，必须严格控制其电流在加权比例的精度范围内，以实现 DAC 的准确转换。影响电流源精度的非理想因素主要包括电流源的不匹配性和有限的输出阻抗。从匹配性方面考虑，电流源需要具备较大的面积，但面积过大将影响 DAC 速度。从电流源性能方面考虑，电流源需要提供足够大的输出阻抗，以保持输出电流的稳定性。与单管电流源相比，共源共栅电流源在相同面积的情况下具有更大的输出阻抗，所以本设计选择共源共栅电流源。

2.4.2　分裂码译码电路

1. 基于逻辑门的传统结构

分裂码的思想来源于 ADC 中电容阵列的分裂电容。为了方便说明，这里以 3 位二进制码-5位分裂码译码方案来举例说明，其原理如图 2-32 所示。

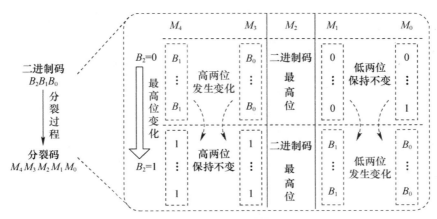

图 2-32　分裂码译码原理

二进制码在转换为分裂码时，分为两部分，分别是二进制码的最高位 B_2 为 "0" 和二进制

码的最高位 B_2 为"1"（"0"和"1"表示数字电路的逻辑低电平和逻辑高电平），具体转换原理如下：

① 当 B_2 为"0"时，分裂码的高两位 M_4 和 M_3 跟随二进制码 B_1 和 B_0 的变化而变化，M_2 此时为"0"，分裂码剩下的低两位 M_1 和 M_0 都为"0"保持不变。

② 当 B_2 为"1"时，分裂码的高两位 M_4 和 M_3 此时都为"1"，M_2 为"1"，与此同时，M_1 和 M_0 都由原来的恒定不变值"0"到跟随 B_1 和 B_0 的变化而变化。

整个过程中分裂码的高三位 M_4、M_3 和 M_2 对应的是二进制码的最高位 B_2，也就是把最高位分裂成 3 位来表示。分裂过程的具体对应关系如表 2-5 所示。

表 2-5 3 位二进制码-5 位分裂码译码电路分裂过程的具体对应关系

二进制码输入			分裂码输出				
B_2	B_1	B_0	$M_4(B_1)$	$M_3(B_0)$	$M_2(B_2)$	$M_1(B_1)$	$M_0(B_0)$
0	0	0	0	0	0	0	0
0	0	1	0	1	0	0	0
0	1	0	1	0	0	0	0
0	1	1	1	1	0	0	0
1	0	0	1	1	1	0	0
1	0	1	1	1	1	0	1
1	1	0	1	1	1	1	0
1	1	1	1	1	1	1	1

根据以上分析，该译码过程是介于二进制码和温度计码之间的一种译码方式，主要体现在以下三步中：

① 在 B_2 为"0"时，只有高两位 M_4 和 M_3 发生变化，其变化方式和二进制码是一致的，其他位为"0"保持不变。

② 当 B_2 由"0"变化到"1"时，在这个转换过程中，只有 M_2 这一位发生了变化，这和温度计码的变化方式是一致的。

③ 当 B_2 为"1"时，只有低两位 M_1 和 M_0 发生变化，其变化方式和二进制码是一致的，其他位为"1"保持不变。

由于每一位的数字码都控制一个对应权重的电流源的开关，开关的每一次切换都会使最终的输出信号出现毛刺，所以开关切换个数越少，毛刺能量越小。由表 2-5 可得，二进制码最高位 B_2 由"0"变为"1"时，对应的剩下两位 B_1 和 B_0 也由"1"变成了"0"，此时开关切换最多，从而产生最大的毛刺。相比之下，分裂码在相同步骤中仅是将 M_2 从"0"变为"1"，其他位则保持不变，只切换 1 位开关，因此毛刺大幅减少，相对于二进制码有显著优势。因此，分裂码可以解决二进制码中间位同时导致毛刺过大的问题。此外，与温度计码相比，分裂码的位数有所减少，降低了结构复杂性。

2. 新型数据传输拓扑结构

从表 2-5 中可以总结出如下结论：

① 当 B_2 为"0"时，M_2、M_1、M_0 都为"0"保持不变，利用 M_4 和 M_3 的变化来表示 B_1 和 B_0 的变化，可以得出 $M_4=B_1$，$M_3=B_0$。

② 当 B_2 为 "1" 时，M_4、M_3、M_2 都为 "1" 保持不变，利用 M_1 和 M_0 的变化来表示 B_1 和 B_0 的变化，可以得出 $M_1=B_1$，$M_0=B_0$。

可以运用温度计码电路的规律来设计分裂码，得到的电路如图 2-33 所示。B_2 与其反信号 B_{v2} 共同作为使能信号，控制传输门和 MOS 管开启与关断。当 B_2 为 "0" 时，M_4 通过传输门和 B_1 连接，在 B_2 和 B_{v2} 的共同控制下输出所需分裂码。类似地，M_3 通过传输门和 B_0 连接，在 B_2 和 B_{v2} 的共同控制下输出所需分裂码。而产生 M_1、M_0 的分裂码由 NMOS 管和固定 0 电平相连接，在 B_{v2} 的控制下输出低电平。当 B_2 为 "1" 时，M_1 通过传输门和 B_1 连接，在 B_2 和 B_{v2} 的共同控制下输出所需分裂码。同样，M_0 通过传输门和 B_0 连接，在 B_2 和 B_{v2} 的共同控制下输出所需分裂码。而产生 M_4、M_3 的分裂码由 PMOS 管和固定 1 电平相连接，在 B_{v2} 的控制下输出高电平。M_2 和 B_2 的变化是相同的，只需要接入传输门即可。利用温度计码电路的逻辑，通过合理配置门电路，能够有效产生分裂码，同时简化电路复杂度。

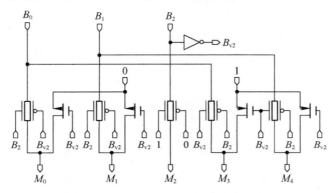

图 2-33　3 位二进制码-5 位分裂码译码电路

3．两种数据传输结构对比

图 2-34（a）为一个带有传统 CMOS 逻辑门的 4 位二进制码-7 位分裂码译码电路。分裂码译码电路主要通过与逻辑和逻辑或实现。本设计采用图 2-34（b）所示的新型数据传输结构设计与或门，可以节省晶体管，缩短关键路径，显著简化译码电路的规模和延迟。在典型工艺角的电路仿真中，当电源电压为 0.8~1.2V，温度为-40~85℃时，与传统 CMOS 逻辑门结构相比，

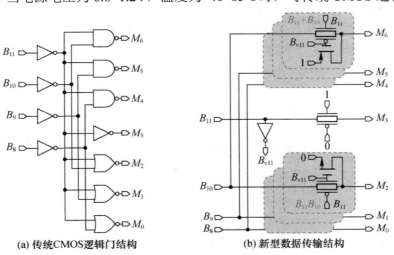

(a) 传统 CMOS 逻辑门结构　　　　(b) 新型数据传输结构

图 2-34　两种数据传输结构图

本设计所提出的新型数据传输结构的延迟降低了 31.5%~63.6%，低延时有利于快速同步开关控制信号，从而提高 DAC 的 SFDR。仿真结果显示，对于采用不同分裂码译码电路形式的"4 位分裂码+8 位二进制码"，在采样率为 500MS/s 时，与基于传统 CMOS 逻辑门结构的 DAC 相比，本设计能够将 DAC 的 SFDR 提高 3dB 以上。

2.4.3 动态单元匹配技术

高分辨率电流舵 DAC 的主要缺陷之一是电流源失配。为了有效减小电流源失配，可以采用微调、校准、改变布局和 DEM 技术。DEM 技术是一种将与输入相关的谐波转换为噪底，从而提升 SFDR 的技术。DEM 技术通过随机选择电流源，减少电流源失配对 DAC 性能的影响，然而，高复杂性的 DEM 解码器通常会导致较大的延迟，从而限制 DAC 的工作速率。因此，为了在随机效果和传输延迟之间取得折中，本设计采用了一种简化的 DEM 方案，其电路结构如图 2-35 所示。将 7 位分裂码随机译码为 15 位随机码，每个随机码用于控制具有 $2^8 I$ LSB 的电流源。为了减小电路规模和传输延迟，将 DEM 电路分为两组，分组结构有助于减少旋转步骤和最大旋转步长，进而减小电路的传输延迟。

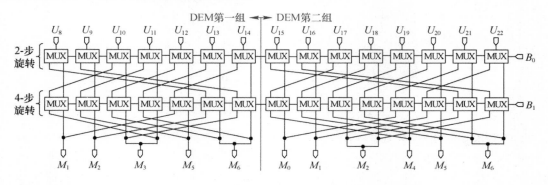

图 2-35 DEM 电路结构

本设计分别构建 4 种"4 位分裂码+8 位二进制码"DAC 的行为级模型，这些模型的区别为不采用 DEM 技术及采用不同 DEM 的组数，分别测试其 SFDR 结果。图 2-36 展示了单位电流源失配 $\sigma(I_{LSB})/I_{LSB}$ 为 0.01LSB 时不同 DEM 分组数的输出频谱。从结果可以得出，两组电流源失配比三组或四组 DEM 更容易随机化，因此，本设计选择的 DEM 组数为 2。

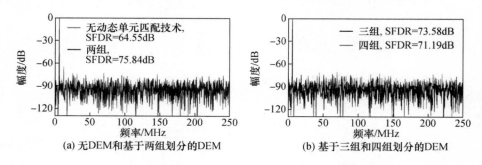

图 2-36 不同 DEM 分组数的输出频谱

2.4.4 设计结果分析

本设计采用 0.18μm CMOS 工艺制备了所提出的 DAC，芯片的显微照片如图 2-37 所示。芯片有源面积为 452.82μm×491.76μm，当驱动 50Ω 双端片外电阻时，DAC 的满量程输出电流为 6mA，电压摆幅为 600mV。在 1.2V 数字电源和 1.8V 模拟电源供电条件下，DAC 的功耗为 12.2mW。由于采用简化的 DEM 电路结构，其能耗仅占总功耗的 1.39%。

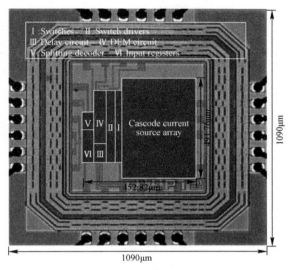

图 2-37 彩图

图 2-37 本设计 DAC 芯片的显微照片

图 2-38 为随机选择的 DAC 芯片在 500MS/s 下的频谱，输出信号频率分别为 8.30MHz 和 225.10MHz，通过使用 DEM 技术，该输出信号频率为 8.30MHz 的 DAC 测得 SFDR 从 63.18dB 增加到 73.30dB。另外，在 225.10MHz 的输出信号频率下，未使用 DEM 技术时测得的 SFDR 为 58.59dB，使用 DEM 技术测得的 SFDR 提高到 66.64dB。虽然 DEM 技术有效抑制了电流源失配引起的谐波失真，但由于谐波能量混入噪底中，导致噪底增大。

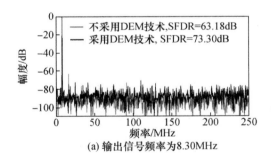
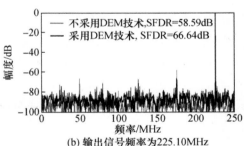

图 2-38 在 500MS/s 采样率下输出信号为低频和高频时的频谱

在表 2-6 中将所设计的 12 位 DAC 与已有 DAC 进行了比较，在文献[9-11]和文献[14-17]中，优化了电流源失配和瞬态变化导致的非线性失真，使得 SFDR 增大。文献[9-11]和文献[16-17]中的 DAC 使用先进 CMOS 工艺实现了更快的采样速度，但所设计的 DAC 消耗的功耗更少。在文献[12]中，采用了 DEM 技术来提高 DAC 的 SFDR，但在奈奎斯特频率处 SFDR

出现严重衰减。文献[13]中的 DAC 采用了嵌套分段 DEM 结构，逻辑更为复杂，限制了采样速度并增加了功耗。

表 2-6　本设计 DAC 与已有 DAC 的对比

	[9] JSSC'20	[10] ISSCC'17	[11] JSSC'14	[12] JSSC'12	[13] TVLSI'18	[14] TCAS-I'14	[15] TCAS-I'19	[16] TCAS-II'19	[17] JSSC'21	本设计
工艺/nm	28	16	40	180	130	130	65	40	28	**180**
分辨率/位	14	14	12	10	12	14	14	14	14	**12**
采样率/(GS/s)	10	6.8	1.6	0.5	0.1	0.5	1	8	10	**0.5**
电源电压/V	1.1	—	1.2	1.8	1.5/1.2	2.5/1.2	2.5/1.2	—	1.5	**1.8/1.2**
负载电流/mA	16	20	16	10	16	16	16	—	16	**6**
功耗/mW	162	330	40	24	18	299	226	490	117	**12.2**
面积/mm^2	0.07	0.855	0.016	0.034	0.21	1.2	0.71	0.45	0.9	**0.22**
$SFDR_{DC}$/dB	75.2	84	74.0	74	68.3	84.8	79.2	64	74.3	**73.3**
$SFDR_{Nyquist}$/dB	65.5	62	70.3	61	62.1	73.5	72.6	44	64.5	**66.6**
FoM_1/(GHz/mW)	101	338	163	21	22	27	72	267	350	**168**
FoM_2/(GHz/mW)	450	280	476	87	15	94	116	—	525	**293**

参 考 文 献

[1] P. Allen, D. Holberg. CMOS Analog Circuit Design. Oxford University Press, 2002.

[2] B. Fotouchi, D. Hodges. High-Resolution A/D Conversion in MOS/LSI. IEEE Journal of Solid-State Circuits. 1979，SC-14(6): 920-926.

[3] X. Tong, C. Wang. A 10bit 500MS/s Current Steering DAC with Improved Random Layout. Chinese Journal of Electronics. 2020，29(1): 73-81.

[4] Q. Huang, F. Yu. A 10bit 0.41mW 3MS/s R-I DAC with full-swing outputVoltage. IEICE Electronics Express. 2018，15(11): 1-10.

[5] Q. Huang, F. Yu. Prediction of the Nonlinearity by Segmentation and Matching Precision of a Hybrid R-I Digital-to-Analog Converter. Electronics. 2018, 7(6): 1-20.

[6] F. Chou, C. Hung. Glitch Energy Reduction and SFDR Enhancement Techniques for Low-Power Binary-Weighted Current-Steering DAC. IEEE Transactions on Very Large Scale Integration (VLSI) Systems. 2016, 24(6): 2407-2411.

[7] F. Chou, C. Chen, C. Hung, et al. A low-glitch binary-weighted DAC with delay compensation scheme. Analog Integrated Circuits and Signal Processing. 2014, 79(2): 277-289.

[8] X. Tong, D. Liu. High SFDR Current-Steering DAC with Splitting-and-Binary Segmented Architecture and Dynamic-Element-Matching Technique. IEEE Transactions on Circuits and Systems II: Express Briefs. 2022, 69(11): 4233-4237.

[9] H. Huang, T. Kuo. A 0.07mm² 162mW DAC achieving > 65dBc SFDR and < −70dBc IM3 at 10GS/s with output impedance compensation and concentric parallelogram routing. IEEE Journal of Solid-State Circuits. 2020, 55(9): 2478-2488.

[10] C. Erdmann, E. Cullen, D. Brouard, et al. A 330mW 14bit 6.8GS/s dual-mode RF DAC in 16nm FinFET

achieving－70.8dBc ACPR in a 20MHz channel at 5.2GHz. IEEE International Solid-State Circuits Conference (ISSCC). 2017: 280-281.

[11] W. Lin, H. Huang, T. Kuo. A 12bit 40nm DAC achieving SFDR > 70dB at 1.6GS/s and IMD < －61dB at 2.8GS/s with DEMDRZ technique. IEEE Journal of Solid-State Circuits. 2014，49(3): 708-717.

[12] W. Lin, T. Kuo. A compact dynamic-performance-improved current-steering DAC with random rotation-based binary-weighted selection. IEEE Journal of Solid-State Circuits. 2012, 47(2): 444-453.

[13] W. Mao, Y. Li, C. Heng, et al. High dynamic performance current-steering DAC design with nested-segment structure. IEEE Transactions on Very Large Scale Integration (VLSI) Systems. 2018, 26(5): 995-999.

[14] X. Li, Q. Wei, Z. Xu, et al. A 14bit 500MS/s CMOS DAC using complementary switched current sources and time-relaxed interleaving DRRZ. IEEE Transactions on Circuits and Systems I: Regular Papers. 2014，61(8): 2337-2347.

[15] L. Lai, X. Li, Y. Fu, et al. Demystifying and Mitigating Code-Dependent Switching Distortions in Current-Steering DACs. IEEE Transactions on Circuits and Systems I: Regular Papers. 2019，66(1): 68-81.

[16] D. Wang, L. Zhou, D. Wu, et al. An 8GS/s 14bit RF DAC With IM3<−62dBc up to 3.6GHz. IEEE Transactions on Circuits and Systems II: Express Briefs. 2019，66(5): 768-772.

[17] H. Huang, X. Chen, T. Kuo. A 10GS/s NRZ/Mixing DAC With Switching-Glitch Compensation Achieving SFDR >64/50dBc Over the First/Second Nyquist Zone. IEEE Journal of Solid-State Circuits. 2021，56(10): 3145-3156.

第3章 ADC 结构与电路技术

3.1 采样保持电路

采样保持（S/H）电路是 ADC 的最前端，是整个 ADC 的关键模块之一，其精度决定着系统精度的上限。如图 3-1（a）所示为 S/H 电路图，其中 V_{in} 和 V_{out} 分别为输入信号和输出信号，Clks 为时钟信号。当开关 S_0 闭合时，V_{in} 给电容 C 充电，V_{out} 跟随 V_{in} 变化，当开关 S_0 断开后，断开时刻的 V_{in} 被保持在电容 C 上。但在实际的电路中，非理想的 S/H 电路存在导通电阻，会产生热噪声，而热噪声带来的随机误差会导致所采样到的信号精度下降，如图 3-1（b）所示为电路导通模型，其中 R 为导通电阻，S_1 为理想开关，C_s 为采样电容。

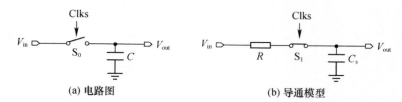

(a) 电路图   (b) 导通模型

图 3-1 S/H 电路

假定 S/H 电路的导通电阻为 R 且为定值，则其噪声谱为

$$S_R(f) = 4kTR \tag{3-1}$$

式中，k 为玻尔兹曼常数，T 为热力学温度（K），则 V_{in} 到 V_{out} 的传输函数为

$$H(s) = \frac{V_{out}}{V_{in}} = \frac{1}{RCs + 1}$$

由噪声谱传输定理可知，当把导通电阻的噪声谱 $S_R(f)$ 加在传输函数为 $H(s)$ 的线性时不变系统上时，输出谱为

$$S_{out}(f) = S_R(f)\left|H(f)\right|^2$$

需要注意的是，式中 $H(f)=H(s=2\pi jf)$[1]，代入可得

$$S_{out}(f) = 4kTR\frac{1}{4\pi^2 R^2 C^2 f^2 + 1}$$

进一步计算总噪声功率为

$$P_{noise} = \int_0^\infty \frac{4kTR}{4\pi^2 R^2 C^2 f^2 + 1}df$$

令 $u=2\pi RCf$，化简可得

$$P_{\text{noise}} = \frac{2kT}{\pi C} \int_0^\infty \frac{1}{u^2 + 1} \mathrm{d}u = \frac{kT}{C} \qquad (3\text{-}2)$$

从式（3-2）可以看出，噪声大小与导通电阻无关，仅与采样电容和温度有关，因此，采样精度的提高可以通过增大采样电容来实现，但增大采样电容的同时会引起时间常数增大，影响采样速度，所以采样电容的大小需要在采样精度和速度之间折中选取。

3.1.1　MOS 开关

1. 单 MOS 开关

单个 MOS 管可以作为开关使用，如图 3-2 所示，通过时钟信号 Clk 来控制 MOS 管的通断。但是当输入信号幅度发生变化时，其导通电阻会有明显变化，这将导致线性度降低。

(a) PMOS　　　　　　　(b) NMOS

图 3-2　单 MOS 开关

PMOS 管和 NMOS 管的导通电阻可以分别表示为

$$R_{\text{on,p}} = \frac{1}{\mu_{\text{p}} C_{\text{ox}} \left(\dfrac{W}{L}\right)_{\text{p}} (V_{\text{in}} - |V_{\text{thp}}|)} \qquad (3\text{-}3)$$

$$R_{\text{on,n}} = \frac{1}{\mu_{\text{n}} C_{\text{ox}} \left(\dfrac{W}{L}\right)_{\text{n}} (V_{\text{DD}} - V_{\text{in}} - V_{\text{thn}})} \qquad (3\text{-}4)$$

其中，$\mu_{\text{n}} C_{\text{ox}}$ 和 $\mu_{\text{p}} C_{\text{ox}}$ 为工艺参数，W/L 为 MOS 管的宽长比，V_{DD} 为电源电压，V_{thn} 和 V_{thp} 分别为 NMOS 管和 PMOS 管的阈值电压。从以上两式可以看出，NMOS 管的导通电阻随 V_{in} 增大而增大，PMOS 管的导通电阻随 V_{in} 增大而减小，两类 MOS 管均会造成采样信号的谐波失真。同时，当 NMOS 管输入信号大于 $V_{\text{DD}}\text{-}V_{\text{thn}}$、PMOS 管输入信号小于 $|V_{\text{thp}}|$ 时，MOS 管会发生关断，导致无法全摆幅采样，存在阈值电压损失。因此，单独的 NMOS 管或 PMOS 管不适合作为模拟信号的采样开关。

2. 互补型 MOS（CMOS）开关

为了解决单 MOS 开关存在的问题，提出了使用互补型 MOS（CMOS）管作为采样开关，如图 3-3 所示。作为一种改进型开关，将 NMOS 管和 PMOS 管并联。由于 NMOS 管和 PMOS 管针对输入电压变化引起的导通电阻变化趋势是相反的，因此会减缓导通电阻变化，一般适用于 6 位以下的精度要求。

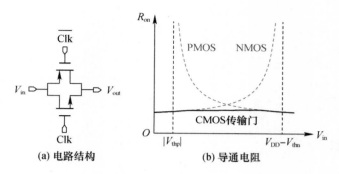

(a) 电路结构　　　　　　　(b) 导通电阻

图 3-3　CMOS 开关

CMOS 开关的导通电阻为

$$R_{\text{on,CMOS}} = R_{\text{on,n}} // R_{\text{on,p}}$$

$$= \cfrac{1}{\mu_{\text{n}}C_{\text{ox}}\left(\dfrac{W}{L}\right)_{\text{n}}(V_{\text{DD}}-V_{\text{thn}}) - \left[\mu_{\text{n}}C_{\text{ox}}\left(\dfrac{W}{L}\right)_{\text{n}} - \mu_{\text{p}}C_{\text{ox}}\left(\dfrac{W}{L}\right)_{\text{p}}\right]V_{\text{in}} - \mu_{\text{p}}C_{\text{ox}}\left(\dfrac{W}{L}\right)_{\text{p}}|V_{\text{thp}}|} \tag{3-5}$$

从式（3-5）可以看出，当 $\mu_{\text{n}}C_{\text{ox}}(W/L)_{\text{n}}=\mu_{\text{p}}C_{\text{ox}}(W/L)_{\text{p}}$ 时，$R_{\text{on,CMOS}}$ 可以保持恒定，与输入信号无关。但是，工艺失配和外界环境变化的影响往往无法避免，因此 CMOS 开关的导通电阻依然很难恒定，采样精度有限。

3.1.2　栅压自举开关

在 SAR ADC 的量化过程中，如果采用单 MOS 开关或 CMOS 开关，其非理想因素会显著影响采样信号的线性度。因此，在中高精度的 SAR ADC 中，通常使用栅压自举开关。

1. 传统栅压自举开关

对于单 MOS 开关来说，通常情况下，工艺参数是恒定的，那么在阈值电压恒定时，导通电阻将仅与栅源电压有关，因此，如果可以保持栅源电压恒定，便可以实现导通电阻的稳定。如图 3-4 所示，通过将栅极和源极之间连接一电压源，保证了栅极和源极的电压变化一致，进而实现栅源电压 V_{GS} 的恒定。栅压自举开关便是基于该原理提出的一种开关，可以实现近似恒定的导通电阻。

（1）栅压自举开关的设计流程

为了更深入地理解栅压自举开关电路，需要了解栅压自举开关电路的设计流程，以及关键 MOS 管的设计思路。因此，本节将对栅压自举开关的设计过程进行详细分析。为了实现图 3-4 所示恒定栅源电压的 MOS 开关电路，需要对电路进行修改。首先，需要确保可以随时分离 M_{in} 和 V_{DD}，以便可以关闭 M_{in}。其次，可以使用电容来近似等效电源，但需要在每个工作周期给电容充电。由此得出的电路如图 3-5 所示。电路工作分为两个阶段：采样阶段和保持阶段。在保持阶段，S_1、S_2、S_5 闭合，S_3、S_4 断开，M_{in} 关断，电容处于充电状态；在采样阶段，S_3、S_4 闭合，S_1、S_2、S_5 断开，M_{in} 的栅源电压恒为 V_{DD}。下面将对各个开关的设计进行详细分析。

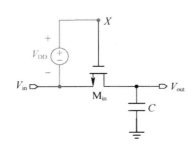

图 3-4　恒定栅源电压的 MOS 开关

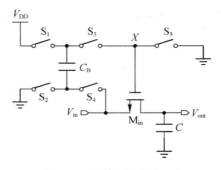

图 3-5　栅压自举开关电路

① 开关 S_1 和 S_2 的设计分析

在电路中，S_1 负责将电容上极板充电至 V_{DD}，其实现方式有以下两种。

第一种方式需要引入电荷泵，其结构如图 3-6 所示。由于在相同传输能力下，NMOS 管的寄生电容较小，所以采用 NMOS 管 M_3 对电容 C_B 进行充电。M_1、M_2、C_1、C_2 组成电荷泵。电容 C_1 和 C_2 通过交叉耦合的 M_1 和 M_2 进行充电，在保持阶段，将 M_3 的栅极充电至 $2V_{DD}$，以抵消 NMOS 管传输 V_{DD} 时的阈值损失，但电荷泵结构会增加两个电容和附属电路，占用面积较大[1]。

第二种方式不使用电荷泵结构，S_1 采用 PMOS 管直接对电容进行充电[2]。那么，S_1 栅极与衬底的连接位置是两个关键的问题。在采样阶段，S_1 应处于关闭状态，如果将其栅极连接至 V_{DD}，由于此时电容上极板电位会升高到 $V_{DD} \sim 2V_{DD}$，其栅源电压可能会大于阈值电压，导致 S_1 导通，发生电荷泄漏。因此，将 X 点和 S_1 的栅极连接，利用自举电压 $V_{DD}+V_{in}$ 控制 PMOS 管的导通。需要注意的是，虽然电容上极板电位也为 $V_{DD}+V_{in}$，但是 S_1 的栅极不能连接至此处，因为这会把 S_1 变为二极管连接，导致无法关断。PMOS 管的衬底通常和 V_{DD} 相连，但对于 S_1 来说，这样会造成漏极到衬底的 pn 结正偏。因此，选择将 S_1 的衬底和电位更高的漏极相连。

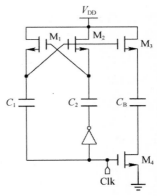

图 3-6　电荷泵结构

开关 S_2 负责在保持阶段将电容下极板接地，因此使用 NMOS 管。

② 开关 S_3 的设计分析

由于 S_3 在电路中负责将高电平 $V_{DD}+V_{in}$ 连接至 M_{in} 的栅极，因此采用 PMOS 管。在采样阶段，如果使用时钟信号控制 S_3，那么导通时，S_3 的栅极电压为 GND 地电压，其栅源电压为 $V_{DD}+V_{in}$，电压较大，当超过耐压值时会缩短 PMOS 管的使用寿命。为了保护该 PMOS 管，在采样阶段，通过将 V_{in} 与 S_3 的栅极连接，以达到降低栅源电压的目的。实现方案如图 3-7 所示，利用反相器结构来解决这个问题，其中使用 M_3 作为开关 S_3。M_a 的源极与电容下极板相连，反相器输入和时钟信号相连，输出和 M_3 的栅极及 M_c 的漏极相连。在保持阶段，Clk 为低电平，M_b 导通，M_3 的栅极输入为 V_{DD}，处于关断状态。在采样阶段，Clk 为高电平，M_a 导通，将保持阶段源极的低电平传至 M_3 栅极，M_3 导通，X 点变为高电位，M_{in}、M_2、M_c 导通，所以 M_a 可以保证 M_3 的栅极电压在采样阶段跟随 V_{in} 变化。同时，和开关 S_1 的情况类似，如果将 M_3 的衬底连接至 X 点，当 M_3 关闭时，衬底电位会被 S_5 拉到地，导致源极和漏极到衬底的 pn 结正偏。为了避免这个问题，也将 M_3 的衬底连接至电容 C_B 上极板。

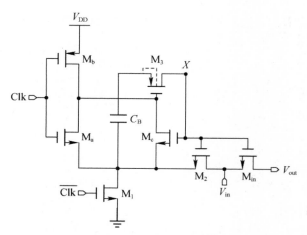

图 3-7 M_3 的控制电路

③ 开关 S_4 的设计分析

由于开关 S_4 在采样阶段与输入信号 V_{in} 相接，因此通常与 M_{in} 的类型相同，当导通时，如果使用时钟信号控制，栅极电压为 V_{DD}，则 S_4 的导通电阻会随 V_{in} 变化而产生较大变化。因此为了保证 S_4 导通电阻的恒定，将 S_4 的栅极和 X 点相连。

④ 开关 S_5 的设计分析

开关 S_5 负责在保持阶段传递 GND 地信号，因此采用 NMOS 管。和 S_3 类似，在采样阶段，X 点电位会升高到 $V_{DD}+V_{in}$，此时 S_5 的源漏电压和栅漏电压会高于 V_{DD}。一个好的方法是使用共源共栅结构来处理。如图 3-8 所示，M_1 作为开关 S_5，此时 Y 点处的最大电压会被限制在 $V_{DD}-V_{th2}$。

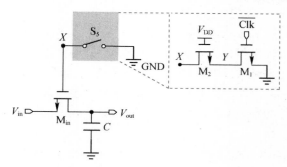

图 3-8 S_5 的共源共栅结构

⑤ 电容 C_B 的设计分析

最后，还需要讨论电容 C_B 的取值。当电容与 X 点连接时，将会和该处的寄生电容共享电荷，从而导致自举电压低于 V_{DD}。在 X 点的寄生电容包括开关 S_1、S_3、S_4、S_5 的栅极电容或漏极电容。因此，C_B 应足够大，以最小化电压损失。同时，为了保证电容在保持阶段完全充电至 V_{DD}，电路的时间常数也必须足够小，但如果盲目增加 S_1、S_2 的尺寸，又会造成寄生电容的恶化。因此，电容大小和相关晶体管尺寸必须综合折中考虑。基于以上分析，理论上，M_{in} 的栅源电压不能达到 V_{DD}。设电容上极板的寄生电容为 C_p，此时输入管 M_{in} 的栅源电压 V_{GS} 可以写为

$$V_{GS} = \frac{C_B}{C_p + C_B} V_{DD} \tag{3-6}$$

根据式（3-6）可以看出，增大 C_B 或减小 C_p 可以降低电压的损失。此时可以写出栅压自举开关的导通电阻为

$$R_{on} = \cfrac{1}{\mu_p C_{ox} \left(\cfrac{W}{L}\right)_n \left(\cfrac{C_B}{C_p + C_B} V_{DD} - V_{thn}\right)} \tag{3-7}$$

（2）栅压自举开关整体电路

基于以上理论，可得出如图 3-9 所示的两种栅压自举开关电路。图 3-9（a）与（b）的工作原理类似，区别仅为开关 S_1 实现方式的不同，由于图 3-9（a）以电荷泵结构实现，在上文已进行了解释，因此下面分析图 3-9（b）所示栅压自举开关具体的工作流程。

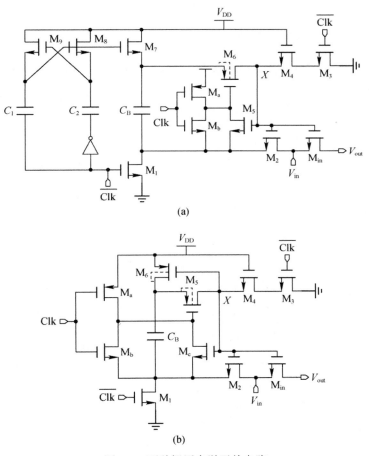

图 3-9　两种栅压自举开关电路

在保持阶段，Clk 为低电平，M_3、M_4 导通，X 点为低电平，控制 M_{in} 关闭，M_1、M_6 导通，将 C_B 充电至 V_{DD}。在采样阶段，Clk 为高电平，M_1、M_3 和 M_6 关断，M_2、M_5 导通，C_B 下极板通过 M_2 和 V_{in} 相连，M_{in} 的栅极和 C_B 上极板相连，根据电荷守恒定律，M_{in} 的栅极电压为 $V_{DD}+V_{in}$，栅源电压恒为 V_{DD}，从而保证了导通电阻恒定。栅压自举开关电路的瞬态波形如图 3-10 所示。

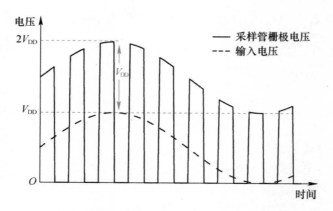

图 3-10   栅压自举开关电路的瞬态波形

2. 基于衬底偏置技术的栅压自举开关

为了满足高精度 ADC 的精度需求，在传统栅压自举开关中加入了衬底偏置技术，如图 3-11 所示。式（3-8）为传统栅压自举开关考虑衬底偏置效应的导通电阻计算公式。可以看出，V_{SB} 的变化会使导通电阻波动。因此，通过引入 $M_{10} \sim M_{12}$，以消除输入晶体管 M_{in} 的衬底偏置效应。在采样阶段，M_{11}、M_{12} 导通，M_{in} 的衬底与输入信号相接即与源极相接，使 $V_{SB}=0$，有效消除了衬底偏置效应。在保持阶段，M_{10} 导通，保证了 M_{in} 的衬底接最低电位。衬底偏置技术的控制时钟要稍晚于采样时钟，以保证采样开关断开时，M_{in} 的衬底仍然和源极相连。

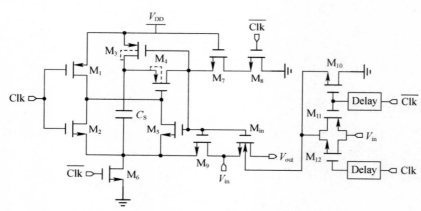

图 3-11   采用衬底偏置技术的栅压自举开关

$$
\begin{aligned}
R_{on,n} &= \frac{1}{\mu_n C_{ox} \left(\dfrac{W}{L}\right)_n (V_{GS} - V_{thn})} \\
&= \frac{1}{\mu_n C_{ox} \left(\dfrac{W}{L}\right)_n \left[V_{GS} - V_{th0} - \gamma \left(\sqrt{2\phi + V_{SB}} - \sqrt{2\phi} \right) \right]}
\end{aligned}
\tag{3-8}
$$

式中，$\phi = (kT/q)\ln(N_{sub}/n_i)$，其中 k 为玻尔兹曼常数，T 为热力学温度，q 为电子电荷，N_{sub} 为衬底的掺杂浓度，n_i 为硅的本征载流子浓度。

3. 两级栅压自举开关

在低功耗 SAR ADC 中，工作电压往往较低，如果仍然采用传统单倍栅压自举开关，采样开关的倍压值较小，无法达到理想的采样精度，因此，两级栅压自举开关被提出，其电路如图 3-12 所示。

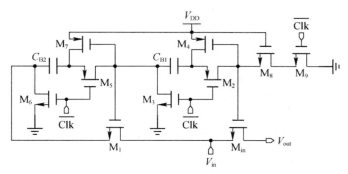

图 3-12　两级栅压自举开关电路

其中，M_{in} 为采样管，电容 C_{B1} 与 C_{B2} 分别为两个自举电容。M_2、M_3、M_4 与 C_{B1} 共同组成第一级自举电路，M_5、M_6、M_7 与 C_{B2} 组成第二级自举电路。当 Clk 为低电平时，整体电路处于保持阶段，自举电容充电，此时 M_{in} 关断，C_{B1} 与 C_{B2} 的上极板分别通过 M_4 与 M_7 连接至 V_{DD}，下极板分别通过 M_3 与 M_6 连接至地，两个电容均充电至 V_{DD}。当 Clk 为高电平时，整体电路处于采样阶段，M_1、M_5 导通，M_{in} 的栅源保持恒为 $2V_{DD}$ 的电压差值。两级栅压自举开关通过两个自举电容简单的串联叠加，在低电源电压下能够提供接近两倍电源电压的栅源电压差，仅额外增加了较少的能耗和面积，有效提高了线性度和信噪比。

3.1.3　非理想因素

1. 沟道电荷注入

沟道电荷注入是指当采样开关关断后，MOS 管的沟道电荷无法瞬间消失，存储在沟道中的电荷 Q 会转移到 MOS 管的源端和漏端，如图 3-13 所示。流向输入端 V_{in} 的电荷被信号源吸收（可以忽略），流向输出端 V_{out} 的电荷被负载电容 C 吸收，改变了电容的电荷量，因此在输出端体现为电压误差。

当 NMOS 管作为开关连接电容阵列时，注入电荷量为

$$Q_C = WLC_{ox}(V_{DD} - V_{in} - V_{thn}) \tag{3-9}$$

由于 MOS 管的对称性，假设沟道电荷平均注入 MOS 管的源端和漏端，则产生的电压误差可以表示为

$$\Delta V_{out} = \frac{1}{2}\frac{Q_C}{C} = \frac{WLC_{ox}(V_{DD} - V_{in} - V_{thn})}{2C} \tag{3-10}$$

电荷注入造成的电压变化与输入信号相关，导致采样时产生谐波，恶化线性度。因此，在设计时应考虑采用下极板采样、差分结构等方式削弱电荷注入产生的影响。

2. 时钟馈通效应

MOS 管的栅漏和栅源之间存在寄生电容 C_{gd} 和 C_{gs}，当开关由导通变为关断，即时钟电压跳变时，会通过栅源寄生电容 C_{gs} 耦合到输出信号 V_{out}，从而导致输出电压发生变化，如图 3-14 所示。

图 3-13　沟道电荷注入效应　　　　图 3-14　时钟馈通效应

时钟跳变电压 V_{Clks} 耦合到输出端引起的误差电压可以表示为

$$\Delta V_{out} = V_{Clks} \frac{C_{gs}}{C_{gs} + C} \tag{3-11}$$

在设计电路时，应尽可能减小 MOS 管的尺寸，以减小耦合电容，进而降低时钟馈通效应导致的误差电压。需要注意的是，该误差电压与输入信号无关，属于静态失调误差，不会产生非线性问题，可以考虑采用差分结构来降低其造成的影响。

3. 孔径误差

当采样阶段结束时，对于理想的 S/H 电路，保持命令发出到开关完全断开这一动作需要在瞬间完成，即时间间隔为零。但实际的 S/H 电路往往存在非理想因素，导致存在一定的延迟，所需要的延迟时间称为孔径时间。孔径时间会使实际采样得到的电压与理想采样电压产生偏差，如图 3-15 所示 ΔV_1 和 ΔV_2，从而引入谐波，恶化线性度，是影响高速 ADC 性能的重要因素。对于中低频 ADC，孔径误差带来的影响较小。孔径时间由两部分组成，分别为孔径延迟和孔径抖动。孔径延迟由信号路径传输延迟、驱动电路及开关自身的延迟导致，延迟量为定值，通常为正值，校准技术在后续 3.4.1 节中详细介绍。孔径抖动通常由噪声等因素引起，因此具有随机性，体现为随机噪声。本节进一步分析孔径抖动对理想 ADC 的 SNR 产生的影响。

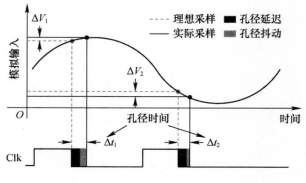

图 3-15　孔径误差构成

假设输入信号是理想的正弦信号，为

$$V(t) = V_0 \sin(2\pi f t)$$

该正弦信号的变化率为

$$\frac{\mathrm{d}V}{\mathrm{d}t} = 2\pi f V_0 \cos(2\pi f t)$$

进一步计算该正弦信号变化率的均方根值，为

$$\frac{\mathrm{d}V}{\mathrm{d}t}\Big|_{\mathrm{rms}} = \frac{2\pi f V_0}{\sqrt{2}}$$

令 $\mathrm{d}V_{\mathrm{rms}}$ 代表均方根电压误差，$\mathrm{d}t$ 代表均方根孔径抖动 t_j，并代入上式得

$$\frac{\Delta V_{\mathrm{rms}}}{t_j} = \frac{2\pi f V_0}{\sqrt{2}}$$

因此，整理可得

$$\Delta V_{\mathrm{rms}} = \frac{2\pi f V_0 t_j}{\sqrt{2}}$$

又因为满量程输入正弦波的均方根值为 $V_0 / \sqrt{2}$，因此，代入式（1-10）可得

$$\mathrm{SNR} = 10\lg\left(\frac{P_{\mathrm{signal}}}{P_{\mathrm{noise}}}\right) = 10\lg\left(\frac{V_0 / \sqrt{2}}{\Delta V_{\mathrm{rms}}}\right)^2 = 20\lg\left(\frac{1}{2\pi f t_j}\right)$$

该公式假设 ADC 具有无限的分辨率，孔径抖动是决定 SNR 的唯一因素，给出了孔径抖动对 SNR 影响的计算公式，可以看出，随着输入频率的升高，SNR 逐渐下降。

3.2　典　型　结　构

3.2.1　Flash ADC

全并行 ADC 又称为 Flash（快闪式）ADC，主要由 S/H 电路、电阻串 DAC、比较器、编码电路等构成，如图 3-16 所示，其中 Clks 为采样时钟。通常 N 位 Flash ADC，需要 2^N-1 个比较器和 2^N 个单位电阻，通过电阻分压的形式，将基准电压 V_{ref} 均分成 2^N 个子基准电压。S/H 电路受采样时钟 Clks 控制，将每个采样周期保持的输入信号 V_{in} 与这些子基准电压进行比较，获得能反映输入信号模拟信息的温度计码，最后通过编码电路，将比较器输出的温度计码转换为二进制码并进行输出，得到 N 位的数字输出 D_{out}。

Flash ADC 是最早出现的 ADC，得益于其全并行的工作模式，因此具备最快的采样率。然而，所需电阻和比较器的数量随分辨率提高而呈指数级增长，导致功耗和面积急剧上升，不符合集成电路低功耗、小型化的发展趋势。当进一步考虑存在非理想因素时，数量较多的电阻和比较器匹配性问题也限制了 ADC 精度的提高。

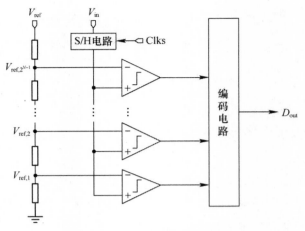

图 3-16　Flash ADC 的系统结构

3.2.2　两步式 ADC

如图 3-17 所示为 N 位两步式（TS，Two Step）ADC 的系统结构及时序图，该结构包括 S/H 电路、高 m 位粗量化子 ADC、m 位 DAC、编码电路、减法电路、n 位细量化子 ADC 和增益为 A 的余量放大器，Clks 为采样时钟。对于 N（$N=m+n$）位的 TS ADC，通常粗、细量化的子 ADC 由 Flash ADC 构成。S/H 电路受采样时钟 Clks 的控制，将每个采样周期保持的输入信号 V_{in} 首先由粗量化子 ADC 完成高 m 位的量化，粗量化需要 2^m-1 个比较器和 2^m 个电阻，输出高 m 位数字码，再经过数模转换，将量化完成的高 m 位数字码还原为模拟量，用输入信号与粗量化后还原的模拟量做差，得到余量电压，经余量放大器放大后，再由细量化子 ADC 进行 n 位量化，细量化需要 2^n-1 个比较器和 2^n 个电阻，最终将粗量化的 m 位数字码与细量化的 n 位数字码组合，得到 N 位的数字输出 D_{out}。

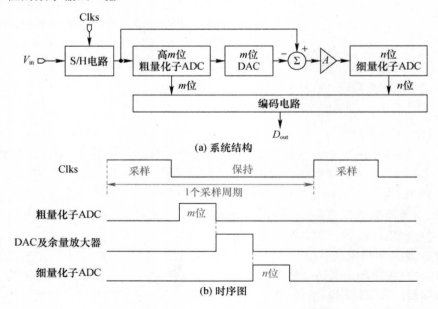

图 3-17　N 位 TS ADC 的系统结构及时序图

TS ADC 是在 Flash ADC 的基础上加以改进的，目的是解决 Flash ADC 中存在的电阻和比较器数量问题，在 TS ADC 中分为高 m 位和低 n 位量化两个阶段，当 ADC 精度为 N 时，以所需比较器数量为例，从 2^N-1 个减少为 (2^m+2^n-2) 个，实现了指数级降低。例如一个 4 位 ADC，如果采用 Flash ADC 实现，需要 15 个比较器和 16 个单位电阻。如果采用 TS ADC 实现，将其分为 2+2 的结构，仅需 6 个比较器和 8 个电阻；如果将其分为 1+3 或者 3+1 的结构，同 2+2 结构的计算方法类似。需要注意的是，由于量化过程分为粗量化、DAC 及余量放大和细量化 3 部分，且按顺序进行，因此采样率比 Flash ADC 下降。

3.2.3　折叠插值 ADC

图 3-18（a）所示为折叠 ADC 的系统结构，其由粗量化器、细量化器、折叠电路和编码电路组成。模拟信号输入后分两条路径并行量化，一条路径是通过粗量化器完成高 m 位的数字转换，另一条路径是采用折叠电路将输入信号折叠映射到一个子区间，然后将折叠后的信号送入细量化器得到低 n 位输出，最后经编码电路将温度计码转换为 N（$N=m+n$）位二进制数字码输出。图 3-18（b）给出了 $m=2$、$n=2$ 的折叠 ADC 的转换特性曲线。在粗量化的同时，折叠电路将整个输入范围划分为 4 个子区间，并将信号折叠到一个子区间，通过进一步将该子区间分为 4 份完成细量化，整个转换需要 8 个比较器，并且仅需要一个时钟周期，而同样是 4 位的 Flash ADC 则需要 16 个比较器。折叠 ADC 虽然相比于两步式 ADC 所需比较器数量相同，但并行的量化方式有效提升了采样率。

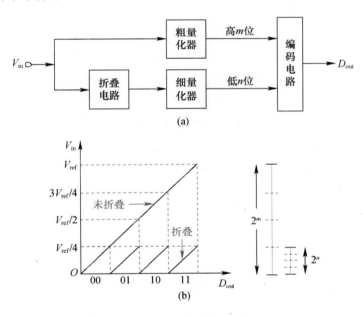

图 3-18　折叠 ADC 的系统结构及转换特性曲线

插值技术提出的目的是减少 Flash ADC 中与输入端相连的比较器中预放大器的个数，如图 3-19 所示为典型的 3 位插值 ADC 的系统结构，模拟输入信号通过 2 个预放大器（Amp）与参考电压做差，产生相应的过零点，2 个预放大器的输出分别连接 4 个电阻进行插值处理，共产生 8 个过零点。插值结果输入阈值相同的锁存器（Latch）阵列，产生与 Flash ADC 相同的温度计码，最后通过编码电路输出 3 位二进制数字码。3 位插值 ADC 相比于相同精度的 Flash ADC 减少了 6 个预放大器，有效提高输入信号的带宽，减小芯片面积和功耗。

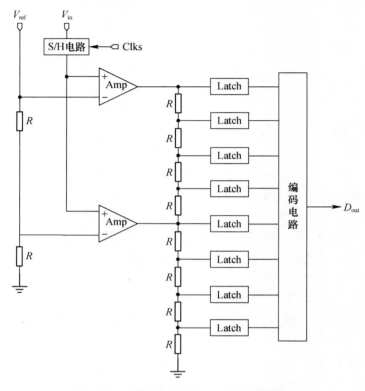

图 3-19　典型的 3 位插值 ADC 的系统结构

折叠插值 ADC 的结构类似于折叠 ADC，工作原理与上述分析类似，其系统结构如图 3-20 所示，分为粗量化和细量化两部分，并行量化，区别在于折叠电路后面通过结合内插电路来进一步减少比较器的数目。因此，折叠插值 ADC 具备速度快、功耗低及面积小的优势。但当信号频率过高时，会出现"气泡码"，需要额外的处理电路。并且由于折叠电路的引入，其非线性对精度的影响是制约其设计应用的难点。

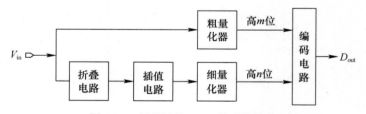

图 3-20　折叠插值 ADC 的系统结构

3.2.4　流水线 ADC

流水线 ADC 主要由若干结构和功能相似的子 ADC 级联构成，除最后一级外，其余每级均由 S/H 电路、m 位子 ADC 和 DAC、减法电路及余量放大器构成，如图 3-21 所示，其中 Clks$_i$（$i=0,1,\cdots,j$）为每级的采样时钟。对于 N（$N=m+n$）位的流水线 ADC，第 1 级的 S/H 电路受采样时钟 Clks$_1$ 的控制，将每个采样周期保持的输入信号 V_{in} 送到 m 位子 ADC 进行量化，产生高 m 位数字码，经过数模转换，将高 m 位数字码还原为模拟量，与该级的采样信号做差进而得到余量电压，余量电压经过余量放大器放大后输出并交由下一级采样，重复上述过程，进而逐次产生每级的数字信号。需要注意的是，最后一级即第 j 级完成量化后直接输出。编码电路将每一级产生的数字信号进行处理，得到 N 位的数字输出 D_{out}。

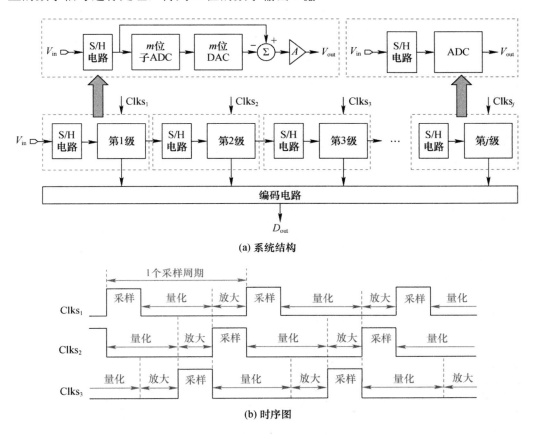

图 3-21　流水线 ADC 的系统结构及时序图

流水线 ADC 的任一子 ADC 在量化时，前一级都在进行新的采样，所以在任何时刻，子 ADC 都在并行工作，有效提高了整体的转换速度，并且通过增加转换级数，有效缓解子 ADC 的量化精度要求。但问题在于该 ADC 引入了较多数量的余量放大器，不仅会导致功耗上升，而且当余量放大器的增益出现波动时，会对 ADC 产生非线性问题，整体性能下降。

3.2.5　逐次逼近（SAR）ADC

如图 3-22 所示为逐次逼近（SAR）ADC 的系统结构及时序图。SAR ADC 主要由 S/H 电路、比较器、DAC 和 SAR 逻辑构成，Clks 为采样时钟，Clkc 为比较器时钟。S/H 电路受采样时钟 Clks 的控制对模拟输入信号 V_{in} 进行采样，保持后的信号接比较器的一端，并逐次与 DAC 中将基准电压 V_{ref} 按照二分法形成的新基准电压进行比较，并将数字码存入 SAR 逻辑中，得到 N 位的数字输出 D_{out}。

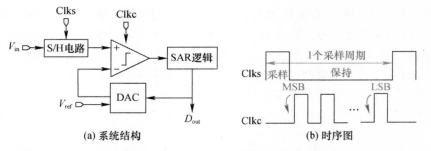

(a) 系统结构　　　　　　　(b) 时序图

图 3-22　SAR ADC 的系统结构及时序图

图 3-23 为 4 位 SAR ADC 的量化流程图。采样保持后的输入信号和 $V_{ref}/2$ 进行比较，以确定最高位数字码，第二次根据最高位数字码是"1"或"0"决定和 $V_{ref}/4$ 或 $3V_{ref}/4$ 进行比较，图中采样保持后的输入信号大于 $V_{ref}/2$，则最高位输出为"1"，第二次和 $3V_{ref}/4$ 进行比较，因为大于 $3V_{ref}/4$，所以次高位同样输出为"1"。依次类推，得到所有位对应的数字码。

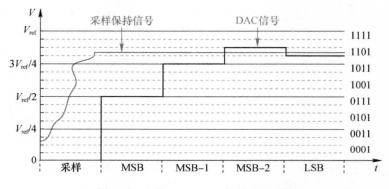

图 3-23　4 位 SAR ADC 的量化流程图

SAR ADC 典型结构中通常使用动态比较器和电容型 DAC，静态电流的降低和无源器件的采用有效降低了功耗，并且其数字化程度高的特点使得在低压下的功耗优势愈发明显。但 SAR ADC 还存在速度和精度的问题，当分辨率为 N 位时，一个完整的量化周期至少需要 N 个比较器时钟周期，串行的工作模式会限制转换速度。并且当量化精度较高时，电容阵列中的电容失配会使 ADC 线性度恶化，性能下降。因此，SAR ADC 通常应用在低功耗、中等精度及中等采样率的领域。

3.2.6　斜坡 ADC

斜坡 ADC 又称为积分 ADC 或计数 ADC，分为两类：单斜坡（SS，Single Slope）ADC 和双斜坡（DS，Dual Slope）ADC，以下分别进行介绍。

1. 单斜坡 ADC

SS ADC 的系统结构及时序图如图 3-24 和图 3-25 所示。SS ADC 主要由放大器 Amp、电容 C、电阻 R 构成的积分器，S/H 电路，比较器，数字逻辑和计数器构成，Clks 为采样时钟，Clk 为逻辑控制时钟，V_{out} 为积分器的输出结果。当 SS ADC 开始工作时，在采样阶段，S/H 电路受采样时钟 Clks 的控制对输入信号 V_{in} 进行采样，保持后的信号接比较器的一端，比较器的另一端接积分器，在开始量化之前，积分器处于复位状态。当开始量化时，积分器对参考电压 V_{ref} 进行积分，输出线性上升且斜率固定为α的信号，同时数字逻辑使计数器开始对时钟脉冲进行计数。积分开始时，$V_{in}>V_{out}$，此时比较器输出为高电平，随着积分的不断进行，当 $V_{out}>V_{in}$ 时，比较器的输出状态会发生改变，由高电平变为低电平，数字逻辑产生使计数器和积分器复位的信号，此时计数器输出的数字码 D_{out} 就代表了 V_{in} 的模拟信息。

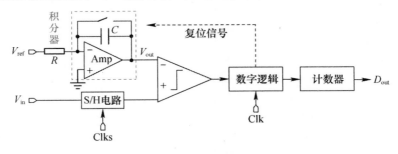

图 3-24　SS ADC 的系统结构

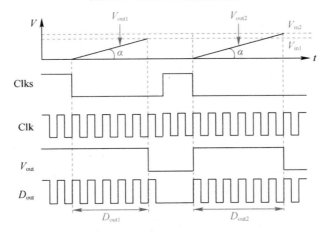

图 3-25　SS ADC 的时序图

2. 双斜坡 ADC

DS ADC 的系统结构及时序图如图 3-26 所示。DS ADC 主要由放大器 Amp、电容 C、电阻 R 构成的积分器，S/H 电路，比较器，数字逻辑和计数器构成，Clks 为采样时钟，Clk 为逻辑控制时钟，V_{out} 为积分器的输出结果。DS ADC 的量化过程分为正向积分与反向积分两个阶段，在正向积分阶段，S/H 电路受采样时钟 Clks 的控制对输入信号 V_{in} 进行采样，开关 S 与 S/H 电路相接，积分器的输出电压 V_{out} 按照一定的斜率随时间增加，正向积分阶段在持续一个固定时长 T 后结束，计数器重新计数，进入反向积分阶段，开关 S 与基准电压$-V_{ref}$相接，积分器的输出电压 V_{out} 从正向积分结束后的电压值按照另一恒定的斜率下降，当与比较器另一端相接的地电位的大小关系发生变化时，比较器的输出状态发生改变，此时计数器输出的数字码 D_{out} 就代表了 V_{in} 的模拟信息。

斜坡 ADC 由于其类似于温度计码的量化过程，因此具有较好的单调性和线性度。但 N 位斜坡 ADC 的量化周期需要满足计数器从 0 计数到 2^N-1，需要 2^N 个比较周期，量化速度大大受限。为了解决上述问题，两步式斜坡 ADC 结构被提出，N（$N=m+n$）位的两步式斜坡 ADC 将整体的量化过程分成了 *m* 位粗量化过程与 *n* 位细量化过程，比较周期次数实现了指数级降低，解决了斜坡 ADC 量化速度慢的问题。

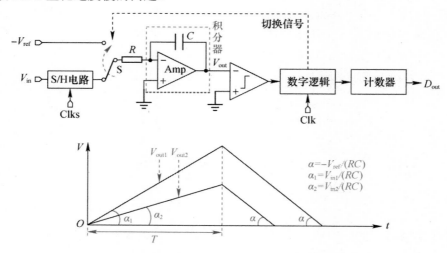

图 3-26   DS ADC 的系统结构及时序图

3.3   过采样 ADC

ADC 由奈奎斯特速率 ADC 和过采样 ADC 两类构成，奈奎斯特速率 ADC 已在 3.2 节中详细介绍，本节将介绍过采样 ADC，即Σ-Δ ADC。Σ-Δ ADC 利用过采样和噪声整形技术，无须精准的模拟元件即可实现较高分辨率，是在 CMOS 工艺下实现高精度模数转换的最佳架构[4]。

如图 3-27 所示为Σ-Δ ADC 的整体结构。前置的抗混叠滤波器是为了防止采样时发生频谱混叠，减小输入的最高频率。经过抗混叠滤波器后，信号被输入Σ-Δ调制器中。Σ-Δ调制器使用过采样和噪声整形技术减小带宽内的量化噪声，并可以将大部分噪声调整分布于信号带宽外。最后的数字滤波器可以滤除Σ-Δ调制器输出的高频噪声，并且完成对输入的降采样，以减少后级存储数据容量，将模拟输入数据准确转换为数字码。

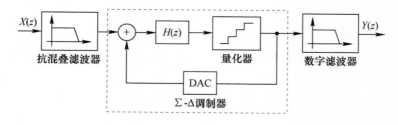

图 3-27   Σ-Δ ADC 的整体结构

3.3.1   过采样技术

过采样技术有别于奈奎斯特采样技术，其采样频率 f_s 远高于 f_M（f_M 表示奈奎斯特采样频率），通过增加采样频率来提高信号处理性能。式（3-12）为过采样率（OSR，Over Sampling Ratio）定义式，其代表的物理含义为采样频率 f_s 相对于 f_M 高出的倍数。

$$OSR = \frac{f_s}{f_M} \qquad (3\text{-}12)$$

量化噪声可以近似等效为白噪声，在频谱上的表现就是噪声在某一个范围内是均匀的，设其功率谱密度为$\eta(f)$，则有

$$\int_{-f_s/2}^{f_s/2} \eta(f)\,\mathrm{d}f_s = \eta(f) \times f_s = \frac{\Delta^2}{12} \qquad (3\text{-}13)$$

那么反推则可以得到量化噪声的功率谱密度$\eta(f)$为

$$\eta(f) = \frac{\Delta^2}{12f_s} \qquad (3\text{-}14)$$

由式（3-14）可见，量化噪声的总功率虽然恒为$\Delta^2/12$，但其功率谱密度会受到f_s的影响。可以直观地从图 3-28 看出，由于量化噪声的总功率恒定，功率谱密度曲线与坐标轴围成的矩形面积是一定的。如果采样频率升高，那么横坐标变大，则纵坐标必然会降低，意味着在信号带宽内总的量化噪声功率下降了，即通过过采样技术量化噪声被压缩并摊到带宽外。

因此，进一步推得过采样下信号带宽内的噪声能量为

$$P_{\text{noise,inband}} = \frac{\Delta^2}{12\mathrm{OSR}} \qquad (3\text{-}15)$$

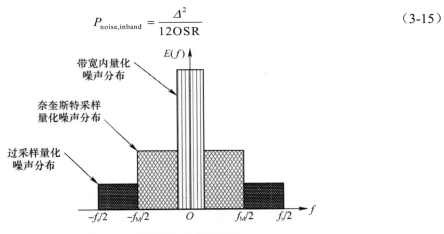

图 3-28　量化噪声功率谱密度

在满幅值输入信号下，过采样 ADC 的 SNR 可以表示为

$$\begin{aligned}
\mathrm{SNR(dB)} &= 10\lg\left(\frac{P_{\text{signal}}}{P_{\text{noise,inband}}}\right) \approx 10\lg\left(\frac{\left(2^N \Delta / 2\sqrt{2}\right)^2}{\Delta^2/12\mathrm{OSR}}\right) \\
&= 10\left[\lg(4^N) + \lg(1.5) + \lg(\mathrm{OSR})\right] \\
&\approx 6.02N + 1.76 + 10\lg(\mathrm{OSR})
\end{aligned} \qquad (3\text{-}16)$$

由式（3-16）可见，对于过采样 ADC，过采样率每增加一倍，ADC 的 SNR 增加约 3dB。若想获得较高的精度，提高过采样率不失为一个有效的方法。对于一定的信号带宽要求，越高的过采样率就意味着需要越高的采样频率，但是过大的采样频率会使Σ-Δ调制器和后级数字滤波器的功耗变得不可接受，也会增加系统的计算和存储需求，因此需要在设计中权衡考虑。为了降低实现高精度的代价，还需采用另一项技术来更好地发挥过采样技术的优势，即噪声整形技术。

3.3.2　噪声整形技术

从图 3-28 可以看出过采样并不会改变量化噪声频谱在奈奎斯特频率范围内均匀分布的特征，增加过采样率，带宽内的噪声分量只会线性减少。如果在量化过程前对量化噪声进行某种形式的滤波处理，将其低频段的分量尽可能搬移到高频处，那么增加过采样率则会让带宽内的噪声分量迅速下降，从而进一步提高信号带宽内的信噪比。这种对量化噪声频谱进行搬移的技术称为噪声整形技术[5]。

1. 一阶噪声整形

图 3-29 为一阶噪声整形原理图，其中 $X(z)$ 为输入的模拟信号，$H(z)$ 为积分器传递函数，$E(z)$ 为量化噪声，输入信号和上一次的量化结果相减之后经过积分器和量化器得到 $Y(z)$。

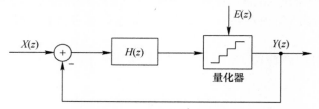

图 3-29　一阶噪声整形原理图

由图 3-29 可得 $Y(z)$ 表达式为

$$Y(z) = \left[X(z) - Y(z) \right] H(z) + E(z) \tag{3-17}$$

进一步化简得

$$Y(z) = \frac{H(z)}{1 + H(z)} X(z) + \frac{1}{1 + H(z)} E(z) \tag{3-18}$$

由式（3-18）可以看出输入信号 $X(z)$ 和量化噪声 $E(z)$ 分别经过了不同的函数处理，因此可以用 STF（Signal Transfer Function）表示信号传递函数，记作 STF(z)，用 NTF（Noise Transfer Function）表示噪声传递函数，记作 NTF(z)，即

$$\text{STF}(z) = \frac{H(z)}{1 + H(z)} \tag{3-19}$$

$$\text{NTF}(z) = \frac{1}{1 + H(z)} \tag{3-20}$$

从上述两式可以看出，$H(z)$ 的极点是 NTF(z) 的零点，为了实现最好的噪声整形效果，NTF(z)应在 $z=1$（单位圆上）处存在一个零点，所以可采用一个离散域的积分器来达到整形系统的需求。

$$H(z) = \frac{z^{-1}}{1 - z^{-1}} \tag{3-21}$$

于是通过式（3-21）所示的 $H(z)$ 设计积分器系统函数，可以实现一阶 Σ-Δ 调制器结构，如图 3-30 所示。该结构包括求和器、积分器、量化器和 1 位 DAC。在工作过程中，输入信号经过求和器与反馈信号相加，并送入积分器进行积分。积分器通常由一个运算放大器和一个电容组成，将输入信号与反馈信号进行积分，从而得到一个连续的输出信号。输出信号随后被送入量化器进行量化，将连续的模拟信号转换为离散的数字信号。一阶Σ-Δ调制器通常使用 1 位的量化器，即将输出信号分为两个离散值，例如+1 和-1。量化器的输出信号被送入 1 位 DAC，产生一个模拟输出信号，该信号被送回至求和器，用于下一次迭代。通过不断迭代，Σ-Δ调制器可以实现高精度的信号转换。

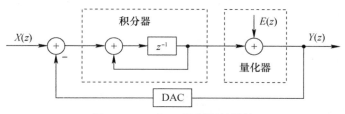

图 3-30　一阶Σ-Δ调制器的结构

将式（3-21）代入式（3-19）与式（3-20），可以得到信号传递函数 STF(z)和噪声传递函数 NTF(z)的表达式分别为

$$\text{STF}(z) = \frac{H(z)}{1 + H(z)} = z^{-1} \tag{3-22}$$

$$\text{NTF}(z) = \frac{1}{1 + H(z)} = 1 - z^{-1} \tag{3-23}$$

定性来看，输入信号在传递过程中只存在延迟关系。然而，对于量化噪声，与之相关的噪声传递函数呈现高通特性，因此能够抑制低频的量化噪声并将其推向高频段，从而实现信号整形的效果。在频域中做定量分析，可得

$$|\,\text{STF}(z)\,|^2 = |\,e^{-j\omega}\,|^2 = 1 \tag{3-24}$$

$$|\,\text{NTF}(z)\,|^2 = |\,1 - e^{-j\omega}\,|^2 = |\,1 - \cos\omega + j\sin\omega\,|^2 = 4\sin^2\left(\frac{\pi f}{f_s}\right) \tag{3-25}$$

由式（3-24）与式（3-25）可见，由于信号传递函数的幅值平方恒为 1，因此在信号传递过程中输入信号的幅值不会发生改变。然而，噪声传递函数的幅值具有正弦形式。图 3-31 展示了噪声传递函数的幅频特性曲线，可以观察到它对量化噪声起到一种类似于高通滤波器的整形效果，可以抑制低频成分并增强高频成分。

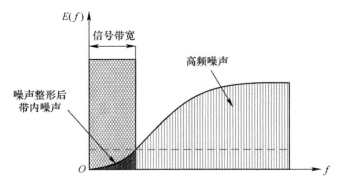

图 3-31　噪声传递函数的幅频特性曲线

总而言之，Σ-Δ调制器中的量化器引入了噪声，其中包括高频成分和低频成分。通过积分器的作用，高频成分被进一步放大，而低频成分则被积分器所抑制。因此，整体上看，噪声传递函数的幅频特性类似于高通滤波器，可以减小低频噪声的影响，同时保留较高频率范围内的信号信息。需要注意的是，具体的噪声传递函数的幅频特性曲线形状可能因实际系统设计和参数选择而有所不同。优化Σ-Δ调制器的设计可以考虑采用合适的积分器和量化器结构，以及适当的数字滤波器配置，以达到所需的信号处理效果。

2. 高阶噪声整形

对于更高阶的理想单环整形系统，Σ-Δ调制器的线性结构如图 3-32 所示。

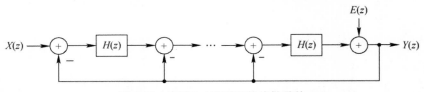

图 3-32　高阶Σ-Δ调制器的线性结构

对于高阶噪声整形结构，它的 NTF(z)可以被看作一阶整形系统的级联形式，依照前面所述，NTF(z)可表示为

$$\mathrm{NTF}(z) = (1 - z^{-1})^L \tag{3-26}$$

其中，L 代表调制器的阶数，所以 NTF(z)的幅频响应可以化简为

$$\left|\mathrm{NTF}(f)\right| = \left[2\sin\left(\frac{\pi f}{f_\mathrm{s}} \right) \right]^L \tag{3-27}$$

被高阶整形后，信号带内噪声功率为

$$P_\mathrm{e} = \int_{-B_\mathrm{w}}^{B_\mathrm{w}} \eta^2(f)\left|\mathrm{NTF}(f)\right|^2 \mathrm{d}f \approx \frac{\Delta^2}{12} \frac{\pi^{2L}}{(2L+1)\mathrm{OSR}^{(2L+1)}} \tag{3-28}$$

此时经过高阶噪声整形的 ADC 的 SNR 为

$$\mathrm{SNR(dB)} = 10\lg\left(\frac{P_\mathrm{signal}}{P_\mathrm{e}} \right)$$

$$\approx 6.02N + 1.76 + 10\lg\left(\frac{2L+1}{\pi^{2L}} \right) + (2L+1)10\lg(\mathrm{OSR}) \tag{3-29}$$

通过对式（3-29）与式（3-16）的比较，可以得出以下结论：如果在 ADC 中同时采用过采样技术和噪声整形技术，那么每当过采样率提升一倍，SNR 将提高 3(2L+1)dB。从式（3-29）可以看到，调制器的阶数、过采样率及量化器位数的增加都能提高调制器的 SNR，但它们所带来的改善程度是不同的。增加量化器位数相对较为简单，每增加一位，调制器的精度就提高一位。调制器的阶数和过采样率对 SNR 的影响并不是相互独立的，根据对图 3-33 的直观观察，在给定一个较大的情况下，另一个的提高能更大程度地提升调制器的 SNR。因此，在设计调制器时，需要根据所要求的 SNR 权衡量化位数 N、阶数 L 和过采样率 OSR，然后根据调制器的电压、功耗、芯片面积、带宽等其他参数来确定最优的组合。

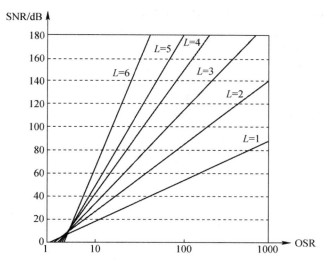

图 3-33　一位量化器的信噪比趋势图

3.3.3　Σ-Δ调制器

1. 性能指标

　　相较于奈奎斯特型 ADC，Σ-Δ调制器输出的数字码并不是最终的模数转换输出值，即每次输出的数字码并不与采样值成一一对应的关系，而是与之前的每次采样都相关联，需要进行额外的处理，如降采样和数字滤波。因此，Σ-Δ调制器更关注一些动态性能指标，如信噪比、信噪失真比、有效位数及无杂散动态范围等，以上参数均可由图 3-34 得到，并在前面的章节中有详细的叙述。除了这些指标，还有其他一些指标也对Σ-Δ调制器的性能起到重要作用，本节将对这些指标进行概述。

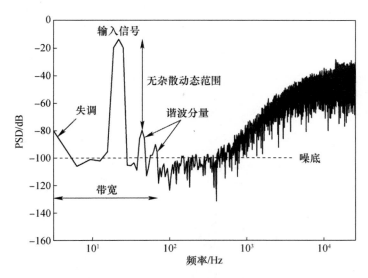

图 3-34　Σ-Δ调制器的动态参数示意图

图 3-35 给出了Σ-Δ调制器各个参数的图解定义，图中横坐标表示归一化的输入信号，纵坐

标表示 SNR 和 SNDR。从图中可得，当输入信号幅值较小时，SNR 和 SNDR 大小是相等的，这是因为此时信号的失真很小，且噪声对信号的影响也很小，所以二者的表现相近。然而，当输入信号幅值增加时，会降低调制器的性能，并且当输入信号幅值比较大时，SNR 会略大于 SNDR，这是因为 SNR 主要反映了信号与噪声的比值，而 SNDR 则反映了信号失真的程度，由于失真程度的增加导致信噪比下降，因此 SNR 会比 SNDR 稍微高一些。需要注意的是，实际调制器可能会因为过载等原因而导致性能下降。此外，实际调制器的有限增益也会引起信噪比下降。因此，图 3-35 中显示的是理想调制器的性能，而非理想调制器的性能则可能会稍差一些。下面对这些参数进行解释。

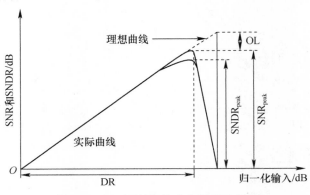

图 3-35 Σ-Δ调制器的动态指标示意图

（1）峰值信噪比（SNR_{peak}）

峰值信噪比是指调制器能获得的输入信号功率和指定带宽内的噪声功率的最大比值。理想情况下，峰值信噪比等于输出动态范围，对采用噪声整形方式的 ADC 来说，峰值信噪比通常比动态范围小。

（2）峰值信噪失真比（$SNDR_{peak}$）

峰值信噪失真比是指有效信号的功率与相对应的带宽内的噪声和失真功率之和的最大比值。L 阶过采样率为 OSR 的调制器，其 $SNDR_{peak}$ 与阶数和有效位数的关系为

$$SNDR_{peak} = 10 \lg \left[\frac{3}{2} \times \frac{(2L+1) \times OSR^{(2L+1)}}{\pi^{2L}} \right] + 6.02\,N \tag{3-30}$$

（3）动态范围（Dynamic Range，DR）

动态范围包括输出和输入动态范围。输出动态范围是指输出的最大动态范围与最小动态范围之间的差值。输入动态范围是指调制器能够处理的最大输入信号功率与能检测到的最小输入信号功率之间的差值。有效位数（ENOB）是动态范围的另外一种表征方式，其定义为

$$ENOB = \frac{DR - 1.76}{6.02} \tag{3-31}$$

（4）过载度（OL，Over Load）

当输入信号大到一定程度时，由于运放输出范围的限制，调制器会进入饱和状态，称为调制器过载。一般将 $SNDR_{peak}$ 下降 6dB 时所对应的输入信号功率作为调制器过载的衡量参数。

通过优化这些动态性能指标，可以提高Σ-Δ调制器的性能，并使其更适用于特定的应用场景。需要注意的是，具体的指标选择和优化策略应根据系统需求和设计约束来确定，以实现最佳的性能表现。

2．主要结构类型

除了优化Σ-Δ调制器的动态性能指标，改变其结构同样可以提升其性能。自Σ-Δ调制器问世以来，研究者们不断地探索与发展其结构，并取得了许多成果。下面通过不同的分类标准来介绍Σ-Δ调制器的不同结构与特征。

（1）根据调制器所使用量化器的数量分类

根据调制器所使用量化器的数量，Σ-Δ调制器可以分为单环结构和级联 MASH 结构的调制器。单环结构调制器只使用一个量化器，而级联 MASH 结构调制器则使用多个量化器，这些量化器按照一定的层次结构进行级联。相较于单环结构调制器，级联 MASH 结构调制器具有更高的阶数和更好的性能表现。

① 单环结构调制器

单环结构调制器通常可以分为单环反馈型调制器和单环前馈型调制器，单环反馈型调制器包括分布式反馈积分器级联（CIFB，Cascade of Integrators FeedBack）型调制器，以及分布式反馈谐振器级联（CRFB，Cascade of Resonators FeedBack）型调制器；单环前馈型调制器包括前馈求和积分器级联（CIFF，Cascade of Integrators FeedForward）型调制器，以及前馈求和谐振器级联（CRFF，Cascade of Resonators FeedForward）型调制器[6]。下面以三阶调制器为例分析不同的单环结构调制器。

● CIFB 型调制器

量化器的输出可以通过反馈连接到每一级积分器的输入端，这种结构被称为反馈结构。CIFB 型调制器包含多个级联的非延迟积分器，并且输出信号以不同的系数被反馈到各级积分器的输入端。这种反馈结构可以有效提高系统的性能和稳定性。三阶 CIFB 型调制器的线性模型如图 3-36 所示，其中每一级积分器的输入端接收来自量化器的输出信号，并根据特定的系数进行反馈。这种结构的优势在于，它能够实现更高的阶数和更好的噪声抑制效果，同时还可以灵活地调整反馈系数以满足不同的性能要求。

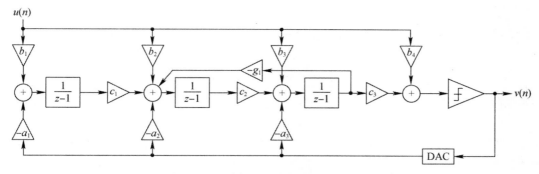

图 3-36　三阶 CIFB 型调制器的线性模型

用前文所述的方法进行推导得到三阶 CIFB 结构调制器的 STF(z) 和 NTF(z) 分别为

$$\text{STF}(z) = \frac{b_4(z-1)^3 + b_1 c_3(z-1)^2 + (b_2 c_2 c_3 + b_4 c_2 g_1)(z-1) + b_1 c_1 c_2 c_3}{(z-1)^3 + a_3 c_3(z-1)^2 + (a_2 c_2 c_3 + c_2 g_1)(z-1) + a_1 c_1 c_2 c_3} \tag{3-32}$$

$$\text{NTF}(z) = \frac{(z-1)^3 + c_3 g_1(z-1)}{(z-1)^3 + a_3 c_3(z-1)^2 + (a_2 c_2 c_3 + c_2 g_1)(z-1) + a_1 c_1 c_2 c_3} \tag{3-33}$$

如式（3-33）所示，在 CIFB 型调制器中，反馈系数 g_1 是一个非常重要的参数，它的作用是通过调整系统的极点和零点来优化系统的性能。具体来说，g_1 可以将 NTF(z) 在单位圆上的零点调整到单位圆内，从而提高系统的稳定性和动态性能。但实际上由于反馈系数数值较小，因此在设计电容时可以将其视为 0，有效地简化电路，并节约芯片面积，同时不会对调制器的稳定性产生任何影响。除了反馈系数 g_1，还有其他一些参数也对 CIFB 型调制器的性能产生重要影响。例如，a_1 会影响系统的极点位置，而 c_1 则可以控制积分器的输出幅度。此外，b_1 还可以影响 STF(z)，从而保证带宽内信号的平坦度。总之，CIFB 型调制器是一种最常用的Σ-Δ调制器，在低阶调制器中得到了广泛应用。

● CRFB 型调制器

CRFB 型调制器的线性模型如图 3-37 所示，CRFB 型调制器中前馈与反馈的关系与 CIFB 型调制器相同，但二者的区别在于 CIFB 型调制器使用延迟积分器级联的方式来实现，CRFB 型调制器则使用了非延迟积分器。延迟积分器需要引入时间延迟来消除混叠误差，但这样会导致其对信号频率变化敏感，而非延迟积分器则不需要引入时间延迟，可以直接对量化误差进行处理，具有更高的频率响应和更低的噪声。

CRFB 型调制器的 STF(z) 和 NTF(z) 分别为

$$STF(z) = \frac{b_4(z-1)^3 + b_1c_1c_2c_3z^2 + b_3c_3z(z-1)^2 + (b_2c_2c_3 + b_4c_2g_1)z(z-1)}{(z-1)^3 + a_1c_1c_2c_3z^2 + a_3c_3z(z-1)^2 + (a_2c_2c_3 + c_2g_1)z(z-1)} \tag{3-34}$$

$$NTF(z) = \frac{(z-1)^3 + c_3g_1z(z-1)}{(z-1)^3 + a_3c_3(z-1)^2 + (c_3g_1 + a_2c_2c_3)z(z-1) + a_3c_1c_2c_3z} \tag{3-35}$$

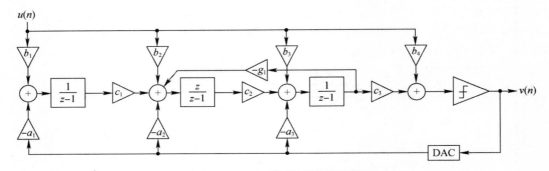

图 3-37　CRFB 型调制器的线性模型

● CIFF 型调制器

CIFF 型调制器也是一种常用的调制器，其线性模型如图 3-38 所示。在这个结构中，有 3 个非延迟积分器按顺序相连，输入信号以前馈的形式连接到每个积分器的输入端。每个积分器的输出结果乘以不同的前馈系数后，通过叠加输入量化器的输入端。量化器对信号进行数字化处理，然后通过 DAC 反馈到第一个积分器与输入信号做差。

CIFF 型调制器的 STF(z) 和 NTF(z) 分别为

$$STF(z) = \frac{b_4(z-1)^3 + (a_1b_1 + a_2b_2 + a_3b_3)(z-1)^2}{(z-1)^3 + a_1c_1(z-1)^2 + (a_2c_1c_2 + a_3g_1)(z-1) + a_1c_1c_3g_1 + a_3c_1c_2c_3} +$$

$$\frac{(b_4c_3g_1 + a_3b_2c_3 + a_2b_1c_2 - a_2b_3g_1)(z-1) + a_1b_1c_3g_1 + a_3b_1c_2c_3}{(z-1)^3 + a_1c_1(z-1)^2 + (a_2c_1c_2 + a_3g_1)(z-1) + a_1c_1c_3g_1 + a_3c_1c_2c_3} \tag{3-36}$$

$$NTF(z) = \frac{(z-1)^3 + c_3g_1(z-1)}{(z-1)^3 + a_1c_1(z-1)^2 + (a_2c_1c_2 + a_3g_1)(z-1) + a_1c_1c_3g_1 + a_3c_1c_2c_3} \tag{3-37}$$

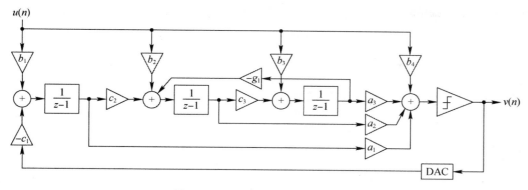

图 3-38　CIFF 型调制器的线性模型

CIFF 型调制器的设计有几个关键点需要考虑。首先，前馈系数的选择对系统的性能至关重要。通过调整各级积分器的前馈系数，可以影响系统的传输函数和频率响应，从而实现对带宽内信号的增益控制和抑制带宽外噪声的目的。其次，对量化器前的求和电路也有一定要求。求和电路应具有良好的线性特性，以确保输入信号与前一级输出信号的正确相加，此外求和电路应使噪声与失调尽可能小，以减小非线性失真的影响。最重要的是，求和电路的带宽应足够宽，以满足系统的工作频率范围要求。综上所述，设计 CIFF 型调制器需要综合考虑前馈系数的选择、求和电路的性能等因素，以实现对信号的高质量数字化处理。这样的优化设计将有助于提高系统的性能并满足特定应用的要求。

● CRFF 型调制器

CRFF 型调制器的线性模型如图 3-39 所示，CRFF 型调制器中前馈与反馈的关系与 CIFF 型调制器相同，二者的区别也在于 CRFF 型调制器中的积分器使用了延迟与非延迟积分器的组合，此处不再赘述。

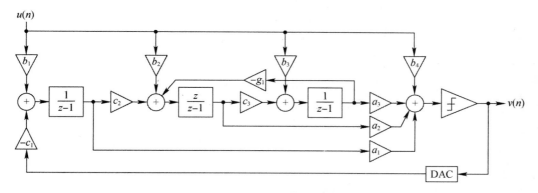

图 3-39　CRFF 型调制器的线性模型

CRFF 型调制器的 STF(z)和 NTF(z)分别为

$$STF(z) = \frac{b_2(z-1)^3 + a_1b_1(z-1)^2 + a_2b_2z(z-1)^2}{(z-1)^3 + a_1c_1(z-1)^2 + (a_2c_1c_2 + a_3g_1)z(z-1) + (a_1c_1c_3g_1 + a_3c_1c_2c_3)z} +$$
$$\frac{(a_1b_1c_3g_1 + a_3b_1c_2c_3)z + (b_4c_3g_1 + a_3b_2c_3 + a_2b_1c_2 - a_2b_3g_1)z(z-1)}{(z-1)^3 + a_1c_1(z-1)^2 + (a_2c_1c_2 + a_3g_1)z(z-1) + (a_1c_1c_3g_1 + a_3c_1c_2c_3)z}$$
（3-38）

$$NTF(z) = \frac{(z-1)^3 + c_3g_1z_1(z-1)}{(z-1)^3 + a_1c_1(z-1)^2 + (a_2c_1c_2 + a_3g_1)z(z-1) + (a_1c_1c_3g_1 + a_3c_1c_2c_3)z}$$
（3-39）

② 高阶单环结构调制器的稳定性

单环结构调制器的优点就是电路实现简单，电路非线性参数如运放有限的直流增益、带宽、开关电阻等影响较小，更适合于低压低功耗场合。阶数越高，噪声整形越好，然而，作为一个负反馈系统，单环结构调制器的稳定性在阶数超过 3 时会面临挑战。为了确保系统的稳定性，可以通过 MATLAB 行为级仿真来设定增益系数和输入信号范围，以保证环路的稳定性。

根据图 3-40，可以观察到 NTF(z) 的阶数越高，其在归一化频率为 0.5 时的幅度越大，这意味着整形后的量化噪声有更大的高频分量。由于量化器的输入端包含调制器的输入信号和经过各阶整形后的量化噪声，过大的高频噪声会增加量化器出现过载的可能性，相当于减小了量化器的增益，从而改变 NTF(z) 的极点位置。当 NTF(z) 的极点因量化器过载而被推移到单位圆以外时，调制器环路将进入不稳定状态，开始出现振荡并最终崩溃。为了避免高阶时环路陷入不稳定状态，一种被动的方法是限制调制器的输入信号幅度。这种方法通常仅适用于二阶调制器，此时调制器的最大稳定输入幅度约为参考电压的 0.9 倍。另一种方法是直接修改高阶调制器的 NTF(z)，通过改变其极点位置来使 NTF(z) 在高频段衰减，从而避免整形后高频噪声过载环路量化器的情况。然而，NTF(z) 高频幅度的衰减必然伴随着低频幅度的增加，这将削弱噪声整形的效果。因此，在设计高阶调制器时，需要权衡考虑这两种方法。限制输入信号幅度可以简单地避免过载问题，但可能会受到动态范围的限制；修改 NTF(z) 的极点位置可以减小高频噪声，但会导致低频增益的衰减。可根据具体应用需求和性能要求，选择合适的方法来优化系统设计。

③ 级联 MASH 结构调制器

● MASH 结构调制器

MASH 结构调制器是将多个低阶调制器（子调制器）级联构成的调制器，这样的结构具有以下优势：首先，由于 MASH 结构调制器是通过级联多个低阶调制器构成的，而低阶调制器具有固有的稳定特性，因此 MASH 结构调制器可以避免高阶调制器可能存在的稳定性问题。这使得 MASH 结构调制器在实际应用中更加可靠和稳定。其次，MASH 结构调制器通过高阶噪声整形的方式，可以提高调制器的精度。每个子调制器都对前一级量化器产生的量化噪声进行再一次的噪声整形，通过一个数字电路构成的噪声抵消电路消除前一级的量化噪声。最终输出信号只包含经过若干延迟后的输入信号和最后一级的量化噪声，有效地减小了量化噪声的影响。因此，MASH 结构调制器既能保持单环高阶调制器的优点，又能保证稳定性。低阶调制器的稳定特性为 MASH 结构调制器提供了坚实的基础，而多阶整形过程则进一步提高了精度。因此，MASH 结构调制器在设计中能够兼顾稳定性和高精度的要求，这是该结构最大的优势所在。典型的 MASH 结构调制器如图 3-41 所示。前一级量化器产生的量化噪声作为后一级调制器的输入，经过再一次的噪声整形之后，通过一个数字电路构成的噪声抵消电路消除前一级的量化噪声，最后的输出信号仅包含经过若干延迟之后的输入信号和最后一级的量化噪声。整体上看，其形式就是多个子调制器的级联，因此有时也称之为级联结构调制器。

MASH 结构调制器的一种命名规则为 N 阶 M-D MASH 调制器，其中 N 表示总阶数，M、D 代表了各子调制器的阶数。下面通过一个简单的二阶 1-1 MASH 调制器来具体分析级联结构调制器的原理。

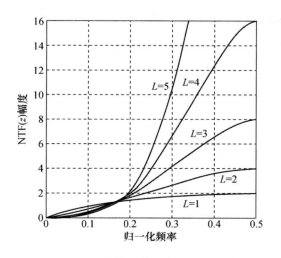

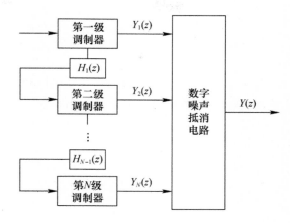

图 3-40 不同阶数调制器的 NTF(z)幅频特性   图 3-41 MASH 结构调制器原理图

● 二阶 1-1 MASH 调制器

如图 3-42 所示为二阶 1-1 MASH 调制器的线性结构，由两个单环结构一阶调制器（子调制器）级联形成。

其中，第一级和第二级调制器的输入分别由 $X_1(z)$ 和 $X_2(z)$ 来表示，而 $E_1(z)$ 和 $E_2(z)$ 是指两个量化器引入的量化噪声，由于前面已经推导出一阶调制器的系统传输函数，用同样的方法可以得到两个子调制器的输出分别为

$$Y_1(z) = z^{-1}X_1(z) + (1 - z^{-1})E_1(z) \tag{3-40}$$

$$Y_2(z) = z^{-1}X_2(z) + (1 - z^{-1})E_2(z) \tag{3-41}$$

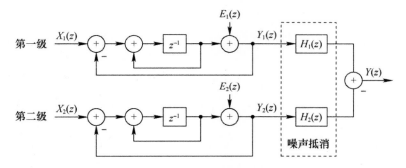

图 3-42 二阶 1-1 MASH 调制器的线性结构

根据 MASH 结构调制器的原理，将 $E_1(z)$ 作为输入信号传入第二级调制器，有

$$Y_2(z) = z^{-1}E_1(z) + (1 - z^{-1})E_2(z) \tag{3-42}$$

随后经过噪声抵消电路后，二阶 1-1 MASH 调制器的输出为

$$\begin{aligned} Y(z) &= H_1(z)Y_1(z) - H_2(z)Y_2(z) \\ &= H_1(z)z^{-1}X_1(z) + \left[H_1(z)(1-z^{-1}) - H_2(z)z^{-1} \right] E_1(z) - H_2(z)(1-z^{-1})E_2(z) \end{aligned} \tag{3-43}$$

为了在最终的输出中将 $E_1(z)$ 消去，可将 $H_1(z)$ 和 $H_2(z)$ 的传递函数设为

$$H_1(z) = z^{-1} \tag{3-44}$$

$$H_2(z) = 1 - z^{-1} \tag{3-45}$$

并代入式（3-43），最后得出二阶 1-1 MASH 调制器的整体输出为

$$Y(z) = z^{-2}X_1(z) - (1 - z^{-1})^2 E_2(z) \qquad\qquad (3\text{-}46)$$

可见，量化噪声 $E_1(z)$ 被抵消后，输出信号中只包含输入信号和量化噪声 $E_2(z)$，且该噪声同样经过了二阶整形。

上面从定性和定量的角度对 MASH 结构调制器的特点和优势进行了分析。然而，MASH 结构调制器也存在一些不足之处。由于各子调制器由模拟电路构成，而噪声抵消电路通常采用数字逻辑实现，因此在后端实现时可能出现元件的匹配性问题，导致两级之间的噪声抵消不完全，即噪声发生泄漏，进而降低输出信噪比。为了改善这一现象，通常采用二阶调制器作为第一级调制器，即使发生噪声泄漏，也只是第一级经过二阶噪声整形后泄漏到输出端，相较于一阶调制器，这对整体性能的影响更小。

④ 对比分析

在介绍了上述调制器结构后，可以比对各结构的优缺点，如表 3-1 所示。MASH 结构调制器的优点是利用了低阶调制器固有的稳定性，从而保证了整个系统能够稳定工作。然而，MASH 结构调制器对模拟电路的非理想特性非常敏感，导致电路设计复杂。由于 MASH 结构调制器由一阶或二阶调制器级联而成，除了第一级调制器，其他各级调制器都对上一级调制器的量化误差进行处理。整个调制器的最终输出需要通过噪声抵消电路进行数字去噪处理，因此数字部分的去噪效果与调制器的模拟电路和噪声抵消电路之间的匹配程度密切相关。相比之下，单环结构调制器由一系列积分器和一个量化器组成，并且积分器和量化器均处在信号的正向通路上，这使得单环结构调制器能够利用同一个反馈回路对各模块因非理想特性所带来的噪声和本身的量化噪声进行整形处理。因此，单环结构调制器对模拟电路的具体参数不敏感，具有较大的设计容差。此外，采用单环结构调制器可以实现较小的面积和功耗，有利于调制器的实际应用。

表 3-1 不同结构调制器性能差异对比

性能	低阶单环结构调制器 （一阶、二阶）	高阶单环结构调制器 （三阶及以上）	MASH 结构调制器
稳定性	稳定	有条件稳定	稳定
过采样率	高		低
动态范围	与理想值有偏差		与理想值接近
电路失配敏感度	低		高
电路组成	模拟		数模混合

综上所述，MASH 结构调制器和单环结构调制器各有优势和局限性，选择适合特定应用场景的调制器是一个综合考虑设计要求、系统稳定性和实用性的过程。

（2）根据量化位数分类

根据量化位数，Σ-Δ 调制器可以分为单位量化结构调制器和多位量化结构调制器。顾名思义，单位量化结构调制器只使用一个比特进行量化，而多位量化结构调制器则使用多个比特进行量化。多位量化结构调制器相较单位量化结构调制器具有更高的分辨率和更好的性能表现。在单位量化结构调制器中，量化器可以被视为一个一位比较器，其反馈系统可以简单地使用量化器的输出结果作为开关的控制信号。由于单位量化结构调制器中反馈环路的信号为一位，内部单元不存在失配问题，因此具有较高的线性度。最终的输出结果为单比特的数据流，这降低了后级数字滤波器的设计难度。相比之下，多位量化结构调制器的量化器位数大于 1，能够有效提高调制器的信噪比。同时，多位量化结构调制器的量化幅值更接近输入信号，减少了环路产生的谐波，提高了电路的稳定性。在相同的精度要求下，多位量化结构调制器可以采用更低阶数的结构。此外，在设计运放时，可以根据所需的较小节点电压波动范围进行设计，从而节约运放的摆幅。然而，多位量化结构调制器的缺点在于需要引入对应位数的快速反馈DAC，内部单元的失配会引起非线性，系统会产生明显的非线性失真，需要额外增加模块来消除这种非线性失真。另外，随着位数的增加，量化器的复杂度呈指数级增长，因此通常不会选择过高的位数。

综上所述，单位量化结构调制器具有简单、线性度高的优点，适用于较低要求的应用场景。而多位量化结构调制器能够提高信噪比、稳定性并节约资源，但需要考虑非线性失真和复杂度的问题。在实际应用中，选择合适的量化器位数需要综合考虑设计要求、系统性能和资源限制等因素。

（3）根据电路的实现方式分类

根据电路的实现方式，可以将Σ-Δ调制器分为连续时间（CT，Continuous Time）调制器和离散时间（DT，Discrete Time）调制器。离散时间调制器的发展要远早于连续时间调制器，离散时间调制器主要由开关、电容、积分器组成，通过电容的匹配可以实现很好的线性度和稳定性。然而，离散时间调制器中的积分器存在采样和积分两种运作模式，在一个时钟周期内，积分器内部信号必须至少在半个时钟周期内完成建立，因此要求运放的增益和带宽积足够大，这限制了离散时间调制器在大信号带宽领域的应用，使得其在高速通信等领域不具有优势。随着通信带宽的增加，连续时间调制器就被提出来解决这些问题。连续时间调制器中，积分器是一个连续时间的积分器，不需要采样保持电路，因此避免了离散时间调制器中存在的建立时间问题。此外，连续时间调制器还可以采用更高阶的模型，从而获得更好的抗噪声性能和更高的分辨率。

① 调制器结构

离散时间调制器和连续时间调制器在电路实现上存在明显区别，图 3-43 和图 3-44 展示了这两种调制器的不同。离散时间调制器在信号进入环路滤波函数 $H(z)$ 之前就进行采样，处理的是离散时间的信号。由于采样过程发生在信号输入端，采样误差将直接通过 STF 到达输出端，无法通过噪声整形抑制。因此，采样误差的直接输出必然导致调制器性能下降。相比之下，连续时间调制器将采样过程放在环路滤波器 $H(s)$ 和量化器之间，采样后的信号经过量化和数模转换后再次变为连续信号，因此连续时间调制器处理的是连续时间信号。连续时间调制器对放大器的带宽要求相对较低，并且采样误差类似于量化噪声，可以被调制器整形，这大大提升了调制器的性能。此外，环路滤波器还能实现一定程度的抗混叠效果，减轻了调制器对前级的抗混叠滤波电路的要求，甚至可以省去前级的抗混叠滤波电路。然而，连续时间调制器的 DAC 反馈电路对时钟抖动非常敏感，这是连续时间调制器的主要缺陷。此外，连续时间调制器的系数由 RC 参数确定，电阻 R 和电容 C 对工艺和温度的变化非常敏感。RC 的变化会导致调制器的性能下降，甚至影响到调制器的正常工作。因此，连续时间调制器无论对版图设计还是工艺选取均有严格的要求。

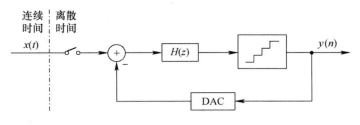

图 3-43　离散时间调制器

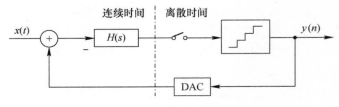

图 3-44 连续时间调制器

通过比较离散时间与连续时间调制器的不同之处，可以发现连续时间调制器对运放的压摆率、建立时间和增益带宽积的要求相对较低，使得调制器整体的功耗能够降低。此外，连续时间调制器还具有内在的抗混叠特性，这使得在设计 ADC 时可以取消前置的抗混叠滤波电路，从而简化了设计的复杂性并减小了芯片的面积。同时，连续时间调制器在速度和功耗上也具有优势，这使得它在高精度、低功耗领域更受欢迎。表 3-2 直观地对比了离散时间调制器和连续时间调制器的优缺点。

表 3-2　离散时间调制器与连续时间调制器的优缺点对比

参数	离散时间调制器	连续时间调制器
工艺	电容匹配精度高	RC 易受工艺影响
时钟抖动	不敏感	敏感
对运放性能要求	高	低
抗混叠特性	无	有
设计工具	成熟	不成熟
功耗	高	低
建立时间	有约束	无约束
应用范围	低速、高精度和高抗噪能力	高带宽、低功耗

② DT-CT 转换：脉冲不变变换法

离散时间调制器的设计起步很早，目前已经产生了很多成熟且便捷的设计工具，因此，基于离散时间调制器的设计经验，连续时间调制器的设计也可以在离散时间的基础上进行，从而降低设计的难度并大大缩短设计周期。当然，从 DT 到 CT 的转换方法是在离散时间的基础上完成连续时间调制器设计的关键，常用的转换方法有脉冲不变变换法和修改 Z 变换法等。其中，脉冲不变变换法是最常用的一种方法，它通过时域上的卷积来完成转换。由于脉冲不变变换法采用的是时域上的卷积，这是一种非常成熟且广泛使用的数学计算方法。因此，近年来越来越多的调制器设计采用脉冲不变变换法进行 DT 到 CT 的转换。下面将详细阐述脉冲不变变换法的原理，以帮助理解和应用该方法进行连续时间调制器的设计。

脉冲不变变换法的使用前提是两种类型的调制器输入信号一致，并且在同一采样时刻它们的时域响应也一致，这意味着量化器的输入在采样时刻是相同的。具体来说，对于一个离散时间调制器和一个连续时间调制器，如果它们的输入信号是相同的，那么它们的输出信号也应是相同的。此外，它们的时域响应在采样时刻也应是相同的。这是因为脉冲不变变换是通过将离散时间信号的单位冲激响应与一个连续时间的脉冲函数卷积得到的，因此只有当两种类型的调制器输入信号和时域响应相同时，才能保证转换的准确性。通过围绕量化器将环路打开，我们可以得到一个开环系统，其中调制器的输入端接地。这样一来，就可以建立起离散时间和连续时间调制器的开环线性模型，如图 3-45 所示。

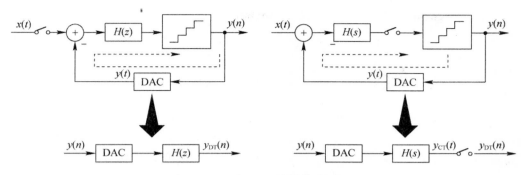

图 3-45　调制器开环线性模型转换图

由上述分析可得

$$y_{CT}(t) = y_{DT}(n)|_{t=nT_s} \tag{3-47}$$

对式（3-47）进行变换可得

$$z^{-1}H(z) = L^{-1}[H(s) \cdot R_{DAC}(s)]|_{t=nT_s} \tag{3-48}$$

其中，z^{-1} 和 L^{-1} 分别是 z 变换和拉普拉斯变换的逆变换，$R_{DAC}(s)$ 是 DAC 的 s 域响应。

$$h(n) = [r_{DAC}(t) * h(t)]|_{t=nT_s} = \int_{-\infty}^{+\infty} r_{DAC}(\tau) \cdot h(t-\tau)\,d\tau|_{t=nT_s} \tag{3-49}$$

在确定离散时间的环路函数 $H(z)$ 与 DAC 反馈脉冲波形后，就可以通过脉冲不变变换法完成 DT 到 CT 的转换。

3.3.4　数字滤波器

模拟输入信号经过Σ-Δ调制器转换后，其输入数据经过粗量化，通常只输出高速率的单比特数据流，其中包含了大量的高频带外噪声。数字滤波器可以将信号进行低通滤波，去除调制器输出中大多数的高频噪声，并对信号进行抽取，使信号以一个较低的采样率继续进行处理，减少后级存储数据容量，进而使得 ADC 输出相应模拟输入的准确数字结果，即 N 位数字值。因此，数字滤波器的性能也决定着Σ-Δ ADC 最终的性能好坏。

1．信号抽取原理

信号抽取是一种通过等间隔采样的方式，丢弃不需要的数据点，将信号的采样率降低的过程，因此也被称为降采样。如图 3-46 所示，输入信号为 $x(n)$，采样频率为 f_{s1}，经过 M 倍抽取后，采样频率 f_{s2} 变为原来的 $1/M$，即 $f_{s2}=f_{s1}/M$。抽取改变了信号的采样频率，从而可能导致频谱发生混叠。

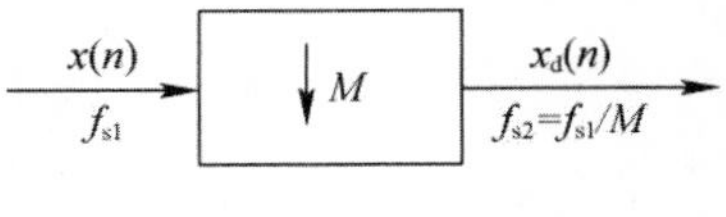

图 3-46　M 倍整数抽取的系统框图

在时域上，抽取前后的序列关系可以表示为

$$x_d(n) = x(nM) \tag{3-50}$$

将上式进行变换，在频域上可得

$$x_d(z) = \frac{1}{M} \sum_{0}^{M-1} x\left(z^{\frac{1}{M}} \omega_M^k \right) \qquad (3-51)$$

其中，$\omega_M = e^{j\omega/M}$，对式（3-51）进行傅里叶变换可得

$$x_d(e^{j\omega_d}) = \frac{1}{M} \sum_{0}^{M-1} x\left(e^{j\frac{(\omega_d - 2k\pi)}{M}} \right) \qquad (3-52)$$

其中，$\omega_d = 2\pi f_{s1}/f_{s2} = M\omega$。从式（3-52）可以看出，抽取后得到的序列频谱是抽取前序列频谱先做频率的 M 倍扩展，然后按照 $2\pi/M$ 的整数倍移位后叠加而成的。因此，$x(n)$ 的频谱是以 2π 为周期的，而序列 $x_d(n)$ 的频率是由 $x(n)$ 的频谱扩展 M 倍而得来的。所以为了避免频谱混叠现象，需要满足两个条件：一是 $x(n)$ 是信号带宽限制的；二是 $x(n)$ 的频谱在抽取后的频率范围内没有重叠。具体来说，只有当 $x(n)$ 的频谱满足条件 $X(e^{j\omega}) = 0$、$|\omega| \leqslant \pi/M$ 时，抽取后的 $x_d(n)$ 的频谱才不会发生混叠。为了实现这个目标，通常增加一个抗混叠滤波器，即先对 $x(n)$ 进行低通抗混叠滤波，使得抽取前的序列频带限制在 $|\omega| \leqslant \pi/M$ 范围内，然后做 M 倍抽取，这样就能够保证抽取后的序列频谱不会发生混叠失真。

以两倍抽取为例，如图 3-47 所示。从图中可以看到，抽取后信号频谱发生了周期性的拓展，此时信号频带只要满足 $|\omega| \leqslant \pi/2$，混叠现象将不发生，也就避免了信号失真。

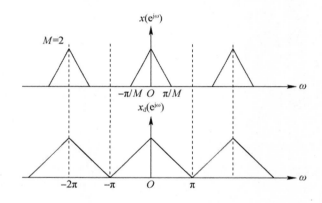

图 3-47　两倍抽取信号频谱图

2. 数字滤波器的结构

滤波可以通过两种方式进行，即模拟滤波和数字滤波。模拟滤波器主要用于处理连续的模拟信号，通过使用电阻、电容、晶体管等模拟元件来滤除噪声，它完全依靠模拟电路来实现。与此相反，数字滤波器用于处理离散的采样序列。它首先对模拟信号进行采样，然后通过数字运算进行设计和实现。数字滤波器是一种具有线性时不变特性的离散时间系统，通常使用差分方程、单位冲激响应和系统函数来描述与分析。与模拟滤波器相比，数字滤波器具有更高的精度、信噪比和可靠性。数字滤波器通过数字电路进行运算，避免了模拟电路中的噪声及模拟元件特性随温度、电压、时间变化而产生漂移，从而避免发生偏移或失真。数字滤波器主要分为有限脉冲响应（FIR，Finite Impulse Response）滤波器和无限脉冲响应（IIR，Infinite Impulse Response）滤波器。

FIR 滤波器的特点是其冲激响应具有有限长度，因此它可以实现精确的线性相位响应和稳

定性。FIR 滤波器通常采用时域卷积的方式进行计算，具有较好的抗混叠性能和易于设计的特点。FIR 滤波器的另一个重要特点是其输出只与当前的输入和过去的输入有关，与过去的输出无关。对于有限脉宽的输入信号，其输出也总是一个有限持续时间的输出。通常，数字滤波器的系统函数可以表示为

$$H(z) = \frac{\sum_{k=0}^{m} b_k z^{-k}}{1 - \sum_{k=1}^{m} a_k z^{-k}} = \frac{Y(z)}{X(z)} \tag{3-53}$$

其差分方程为

$$y(n) = \sum_{k=1}^{m} a_k y(n-k) + \sum_{k=0}^{m} b_k x(n-k) \tag{3-54}$$

对于大多数的数字滤波器，只需将输入序列经过相应的运算即可得到输出。然而，对于 FIR 滤波器，由于它与之前的输出无关，因此 a_k 全为零，其差分方程可以简化为

$$y(n) = \sum_{k=0}^{m} b_k x(n-k) \tag{3-55}$$

FIR 滤波器可以通过直接型和转置型两种结构实现，如图 3-48 与图 3-49 所示。直接型结构是一个抽头延时线结构，也被称为横向滤波器。它将每个抽头处的信号与抽头系数相乘，并将所有的乘积相加得到输出结果。转置型结构是对直接型结构的一种转变，它是将网络中的所有支路方向倒转，并且交换输入和输出位置，从而保持最终的系统函数不变。

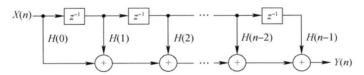

图 3-48　FIR 滤波器直接型结构图

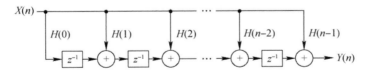

图 3-49　FIR 滤波器转置型结构图

IIR 滤波器采用递归结构，其中包含反馈回路，这种结构导致了脉冲输入响应的无限延续，因为当前输出与过去的输出是相关的。然而，由于 IIR 滤波器的稳定性条件要求其极点位于单位圆内，因此存在潜在的不稳定性风险。如图 3-50 所示，这是一种常见的 IIR 滤波器实现方式。

相对于 IIR 滤波器，FIR 滤波器在运算过程中的误差较小，并具有绝对稳定的结构。此外，由于 FIR 滤波器的单位冲激响应是有限长的，因此可以应用 FFT 算法，其与 IIR 滤波器在阶数相同的情况下拥有更快的运算速度。虽然 IIR 滤波器存在线性失真的问题，但它实现所需的参数较少，从而降低了运算复杂度和数据存储量。当参数数量相同时，IIR 滤波器能够达到比 FIR 滤波器更好的幅频特性，因此在实际应用中广泛被采用。

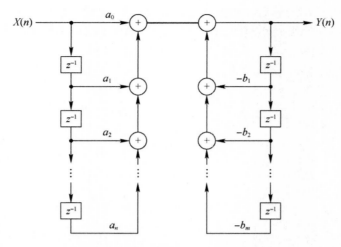

图 3-50　IIR 滤波器递归直接型结构图

　　基于 FIR 滤波器相比 IIR 滤波器具有线性相位、系统稳定、设计简单等优点，Σ-Δ ADC 通常采用属于 FIR 滤波器的级联积分梳状（CIC，Cascade Integrator Comb）滤波器。CIC 滤波器主要由积分和梳状两部分构成[7]。其中，积分部分是一个简单的累加器，每个周期的输入值加上下一个采样值；而梳状部分是当前的输入采样值减去 D 个延迟单位的输入值，其差分方程可以表示为

$$y(n) = x(n) - x(n - D) + y(n - 1) \tag{3-56}$$

对上式进行 z 变换可得 CIC 滤波器的传递函数为

$$H(z) = \frac{1 - z^{-M}}{1 - z^{-1}} \tag{3-57}$$

根据式（3-57）可得其频率响应为

$$H(\mathrm{e}^{\mathrm{j}\omega}) = \frac{1 - \mathrm{e}^{-\mathrm{j}\omega M}}{1 - \mathrm{e}^{-\mathrm{j}\omega}} \tag{3-58}$$

利用欧拉（Euler）公式对式（3-58）进行化简得

$$H(\mathrm{e}^{\mathrm{j}\omega}) = M\mathrm{e}^{-\mathrm{j}\frac{\omega}{2}(M-1)} \frac{\sin\left(\dfrac{\omega M}{2}\right)}{\sin\left(\dfrac{\omega}{2}\right)} \tag{3-59}$$

其幅频特性为

$$|H(\mathrm{e}^{\mathrm{j}\omega})| = M \frac{\mathrm{sinc}\left(\dfrac{\omega M}{2}\right)}{\mathrm{sinc}\left(\dfrac{\omega}{2}\right)} \tag{3-60}$$

　　式（3-60）揭示了 CIC 滤波器的特性，它是一种具有 sinc 函数形状的低通滤波器，因此 CIC 滤波器通常也被称为 SINC 滤波器。当输入频率 ω 为 0 时，幅度达到最大值 M。图 3-51 直观地展示了单级 CIC 滤波器的幅频特性曲线，清晰地描绘了其滤波效果。

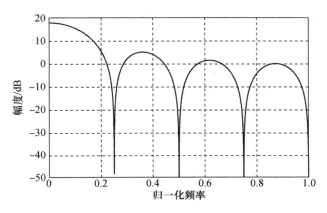

图 3-51　单级 CIC 滤波器的幅频特性曲线

3.4　关　键　技　术

3.4.1　时间交织

1. 工作原理

分辨率和转换速率是 ADC 两个最重要的性能指标。TI ADC 是在保持精度的同时提高转换速率的一种有效方案。图 3-52（a）所示为 TI ADC 的系统结构，它包含 N 个相同的 ADC、N 个相同的采样开关和数字多路复用电路（MUX）。图 3-52（b）所示为时序图，N 个采样开关根据多相时钟（$\mathrm{Clk}_1 \sim \mathrm{Clk}_N$）依次开启，通过 N 个采样率为 f_s/N 的子 ADC 在时域上交替采样并转换输入信号，之后通过 MUX 将各通道的数字码依次输出，形成一次完整的 ADC 采样转换，实现 f_s 的转换速率。在同样工艺条件下，N 通道时间交织 ADC 可以将其子 ADC 所能达到的极限频率提高 N 倍，是目前实现高速 ADC 最常用的设计结构。

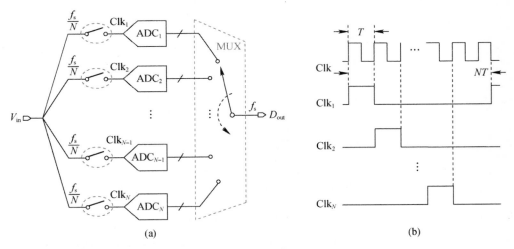

图 3-52　TI ADC 的系统结构和时序图

2．通道误差及其常见校准方式

（1）失调误差

对于 TI ADC，失调误差通常是指各通道间的静态失调误差不一致。图 3-53（a）所示为两通道 TI ADC 包含失调误差的传输特性曲线，$\text{ADC}_{\text{ideal}}$ 为理想情况，ADC_1 和 ADC_2 包含不同失配误差，分别为 $V_{\text{OS},1}$ 和 $V_{\text{OS},2}$。图 3-53（b）所示为 N 通道包含失调误差的系统模型。对于多通道 TI ADC，通道间的失调误差会在频谱上产生较大的谐波分量，进而导致性能恶化。通道间的失调失配有多种校正方式，包括通道间均衡化技术和自适应盲校正等[8-9]。

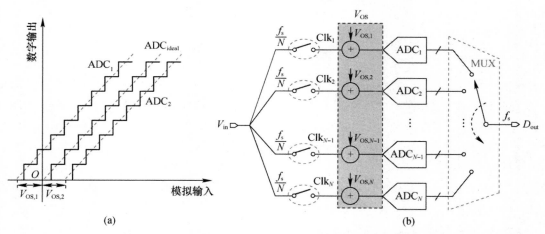

图 3-53　TI ADC 包含失调误差的传输特性曲线和 N 通道系统模型

（2）增益误差

对于 TI ADC 来说，增益误差是指各通道之间的增益不一致。如图 3-54（a）所示为两通道 TI ADC 包含增益误差的传输特性曲线，$\text{ADC}_{\text{ideal}}$ 为理想情况，ADC_1 和 ADC_2 的增益分别为 G_1 和 G_2。图 3-54（b）所示为 N 通道包含增益误差的系统模型。在 TI ADC 中，两通道间的增益误差会在交替采样中产生谐波导致性能恶化。通道间的增益误差有多种校正方式，包括通道间均衡化技术和自适应盲校正[7-8]等。

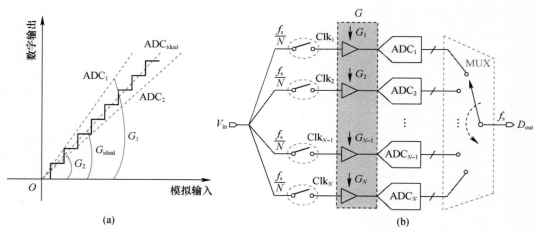

图 3-54　TI ADC 包含增益误差的传输特性曲线和 N 通道系统模型

（3）采样时间误差

采样时间误差是 TI ADC 特有的误差，会造成采样时刻偏离理想时刻，N 通道 TI ADC 相邻通道间的采样时间间隔不能严格保持 T，即系统的采样在时间上"非均匀"，造成采样值和理想值产生偏差，恶化系统性能。如图 3-55 所示，理想情况下，相邻子 ADC 的采样时间间隔固定，但由于采样时间误差 Δt 的存在，会引入周期性的采样误差。

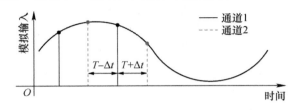

图 3-55 TI ADC 的采样时间误差

采样时间误差主要来源可以分为三大部分：采样时钟失配、采样开关失配及信号通路失配。

采样时钟失配：TI ADC 的外部输入时钟经过多相时钟产生器及驱动后送入各个子 ADC。由于失配的存在，多相时钟产生器的输出存在相位偏移，同时各相时钟的驱动模块由于尺寸失配产生延时差异，最终导致送入各通道采样开关的时钟相位之间存在采样时间误差。

采样开关失配：采样开关在时钟的控制下，在一个采样周期内对输入信号采样并保持。由于采样精度要求，高精度 ADC 多采用栅压自举开关作为采样开关，由更多的 MOS 管搭建而成，在结构上更为复杂，物理参数上的失配导致不同通道的采样电路对采样时钟边沿的响应时间不同，从而带来了采样时间误差。

信号通路失配：TI ADC 输入信号沿不同路径进入各子 ADC，各路径在结构上对称，然而其金属宽度和厚度的不均匀造成传输线阻抗和寄生电容的差异，从而带来信号的传播延时，尤其是输入信号频率进入射频频段后，这一问题造成的影响会被放大。

与通道间失调误差和增益误差不同的是，采样时间误差对系统的影响和输入信号频率正相关，频率越高，性能恶化越严重。

对于采样时间误差的处理方法通常有 3 种思路：全局采保、通道采样顺序随机化及校准技术。全局采保的做法是在 TI ADC 的输入端前置一个采样保持电路。由于前端采样保持电路送入各个子 ADC 的信号是其保持状态下的输出，各子 ADC 的输入近乎直流，故通道间采样误差的影响被大大降低，几乎可以忽略不计。但前端采样保持电路的指标要求比子 ADC 的采样保持电路高得多，往往难以实现。通道采样顺序随机化的做法是将 TI ADC 中子 ADC 的量化顺序随机化，则采样时间误差在频谱上对应的谐波能量将被打散转变成噪声。但该技术仅优化了 SFDR，对 SNDR 并没有改善，该方法主要适用于对系统线性度要求高的应用场景。处理采样时间误差的主流方法是采用校准技术，主要有基于参考信号注入、基于通道相关性、基于参考 ADC 以及基于"Split-ADC"等众多方法，可有效改善采样时间误差对 TI ADC 产生的影响[10-18]。

3.4.2 模拟前台校准技术

在芯片制造的过程中，由于工艺和环境等因素的影响，导致加工出来的元件参数实际值与设计值不一致，这种情况称为元件失配。按照产生方式的不同，元件失配分为系统失配和随机失配。具体解释见 2.3.3 节。系统失配不会随着元件尺寸的改变而发生变化，通常能够通过优化版图设计来减小。而随机失配的产生无法预估，其失配大小通常与元件尺寸有关。电容的随机失配是设计高精度 SAR ADC 需要解决的关键问题之一，以下分析简称电容失配，电容失配会为 SAR ADC 带来非线性，从而降低 SAR ADC 的有效位数。电容失配带来的影响与电容值的大小成反比，即：电容值越大，对 SAR ADC 有效位数的影响就越小，因此，通常情况下可以通过增大电容值来改善电容失配。然而，大电容意味着大的电路面积和功耗。针对该问题，目前主流的技术是通过模拟电路或数字电路辅助技术来对其进行校准。

校准通常有 3 种分类方式：①根据是否需要随机信号或其他信号的统计特性实现校准，可分为确定性校准和统计性校准，确定性校准利用电路的冗余结构等方式测量误差并进行校准，而统计性校准需要利用随机信号或伪随机信号的统计性质与输入信号无关的特点，在统计大量数据的基础上测量误差，并设计相应的算法实现校准；②根据校准的改变量进行分类，可分为模拟校准和数字校准，模拟校准是指在模拟域通过额外的电路补偿电容失配导致的电压误差，使得输出的数字码与输入的偏差降低，数字校准是指在数字域直接对电容权重进行校正，改变输出数字码；③根据校准的工作阶段进行分类，可分为前台校准和后台校准，前台校准是指在芯片上电之后、正常工作之前的一段时间内对电容的权重进行校准，校准结束后，芯片再进入正常的转换工作，后台校准是指芯片在正常工作的过程中，同步对电容的权重进行校准。

本节介绍基于自校准的模拟前台校准技术，该技术针对电容失配导致的权重误差进行优化。如图 3-56 所示，主 DAC（量化 DAC）为 SAR ADC 中用于量化的电容阵列 DAC，用校准 DAC 表示用于校准的电容阵列 DAC，该自校准技术通过在正常量化输入信号之前对每一位的电容误差进行检测，再通过校准 DAC 在正常量化时补偿回主 DAC 进行校准，校准原理的关键在于如何检测电容误差，本节详细分析其工作原理并做理论推导。

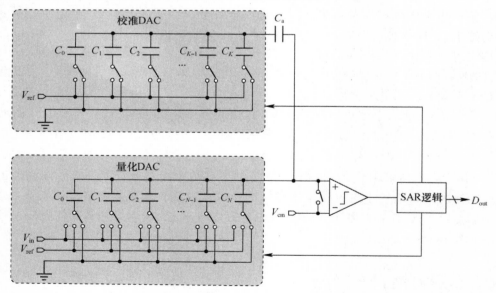

图 3-56　基于模拟自校准的 SAR ADC 结构[18]

当电容存在误差时，量化 DAC 中的第 i 位电容与理想情况的单位电容 C_0 的相对偏差假设为 α_i，则实际上第 i 位的电容 C_i 为

$$C_i = 2^{i-1} C_0 \left(1 + \alpha_i\right) \tag{3-61}$$

由于电容失配通常满足正态分布，因此可得

$$\sum_{i=1}^{N} 2^{i-1} \alpha_i = 0 \tag{3-62}$$

接着分析在理想和实际两种不同情况下，第 i 位电容底极板跳变固定电压时量化 DAC 输出节点的电压变化误差。当量化 DAC 为 N 位时，第 i 位电容底极板跳变 V_{ref} 电压，由于理想情况下不存在电容失配，因此量化 DAC 输出节点的电压变化量为

$$V_{DAC,ideal} = \frac{2^{i-1}}{2^N} V_{ref} D_i \tag{3-63}$$

式中，D_i 代表电容阵列第 i 位量化所对应的数字输出码。由于实际情况下存在电容失配，因此量化 DAC 输出节点的电压变化量为

$$V_{DAC,real} = \frac{2^{i-1}\left(1 + \alpha_i\right)}{2^N} V_{ref} D_i \tag{3-64}$$

则理想情况与实际情况的误差电压为式（3-63）和式（3-64）的差，将电容阵列中第 i 位的误差电压（下文称为补偿失配电压）用 $\Delta V_{\alpha,i}$ 表示，这个误差电压即校准 DAC 需要补偿回量化 DAC 的电压值，其可表示为

$$\Delta V_{\alpha,i} = V_{DAC,ideal} - V_{DAC,real} = \frac{V_{ref}}{2^N} 2^{i-1} \alpha_i \tag{3-65}$$

接下来需要通过电荷再分配使量化 DAC 顶极板电压建立与补偿失配电压 $\Delta V_{\alpha,i}$ 的联系才可进行补偿校准。当 SAR ADC 开启校准模式时，首先开始针对最高位电容 C_N 的校准，需要得出当存在电容失配时最高位电容 C_N 进行切换，量化顶极板的误差电压。具体工作流程为，第一步电容阵列的顶极板和底极板的连接方式如图 3-57（a）所示，电容阵列的顶极板均接 V_{cm}，底极板有所不同，最高位电容 C_N 的底极板连接到地，其余电容的底极板均接 V_{ref}。第二步切换电容开关，电容阵列的顶极板和底极板的连接方式如图 3-57（b）所示，电容阵列的顶极板断开 V_{cm}，处于浮空状态，最高位电容 C_N 的底极板电平均切换至 V_{ref}，其余电容底极板切换至地。

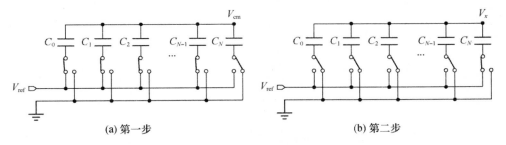

(a) 第一步　　　　　　　　　　　　　　　　　(b) 第二步

图 3-57　校准最高位电容时的电容顶极板和底极板的连接状态

当连接状态如图 3-57（a）所示时，电容阵列顶极板的电荷量为

$$Q_1 = \left(V_{cm} - V_{ref}\right) \sum_{i=0}^{N-1} C_i + V_{cm} C_N \tag{3-66}$$

当连接状态如图 3-57（b）所示时，电容阵列顶极板的电荷量为

$$Q_2 = V_x \sum_{i=0}^{N-1} C_i + \left(V_x - V_{\text{ref}} \right) C_N \tag{3-67}$$

根据电容阵列顶极板的电荷守恒，可得 $Q_1 = Q_2$，则状态切换后量化 DAC 的输出电压 $V_{x,N}$ 为

$$V_{x,N} = \frac{V_{\text{cm}} \left(C_N + \sum_{i=0}^{N-1} C_i \right) + V_{\text{ref}} \left(C_N - \sum_{i=0}^{N-1} C_i \right)}{C_N + \sum_{i=0}^{N-1} C_i} = V_{\text{cm}} + \frac{C_N - \sum_{i=0}^{N-1} C_i}{C_N + \sum_{i=0}^{N-1} C_i} V_{\text{ref}} \tag{3-68}$$

当存在电容失配时，通过式（3-61）和式（3-62），可得

$$C_N = 2^{N-1} C_0 (1 + \alpha_N) \tag{3-69}$$

$$\sum_{i=0}^{N-1} C_i = C_0 \sum_{i=0}^{N-1} 2^{i-1} + C_0 \sum_{i=0}^{N-1} 2^{i-1} \alpha_i = C_0 \sum_{i=0}^{N-1} 2^{i-1} - 2^{N-1} \alpha_N C_0 \tag{3-70}$$

联立式（3-68）、式（3-69）和式（3-70），通过化简可得 $V_{x,N}$ 为

$$V_{x,N} = V_{\text{cm}} + \alpha_N V_{\text{ref}} \tag{3-71}$$

由上式可知，当理想情况不存在电容失配时，量化 DAC 的输出电压 $V_{x,N}$ 应等于 V_{cm}。因此，最高位电容 C_N 由失配导致的误差电压（下文称为量化失配电压）由 $\Delta V_{x,N}$ 表示，其值大小为

$$\Delta V_{x,N} = V_{x,N} - V_{\text{cm}} = \alpha_N V_{\text{ref}} \tag{3-72}$$

联立式（3-65）和式（3-72），可以得到最高位电容 C_N 由理论计算得到的补偿失配电压 $\Delta V_{\alpha,N}$ 与实际电路经电荷重分配后的量化失配电压 $\Delta V_{x,N}$ 之间的关系为

$$\Delta V_{\alpha,N} = \frac{1}{2} \Delta V_{x,N} \tag{3-73}$$

通过式（3-73）可知，最高位电容 C_N 需要针对电容失配进行补偿的电压值已经与实际电路经电荷重分配后的量化失配电压建立了联系。通过类似的开关切换方式可以得到余下各位的量化失配电压，但需要注意的是，最高位电容底极板在后续位的切换中接 V_{ref} 不变。

以次高位电容 C_{N-1} 为例介绍余下各位的量化失配电压计算方法，并对与补偿失配电压关系进行归纳。如图 3-58 所示。

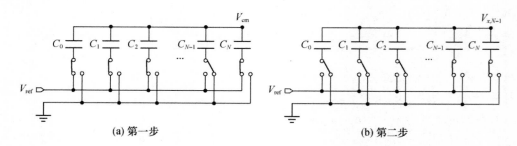

图 3-58　校准次高位电容时的电容顶极板和底极板的连接状态

类似于式（3-68）的计算，量化 DAC 的输出电压 $V_{x,N-1}$ 为

$$V_{x,N-1} = \frac{V_{cm}\left(C_N + C_{N-1} + \sum_{i=0}^{N-2} C_i\right) + V_{ref}\left(C_N + C_{N-1} - C_N - \sum_{i=0}^{N-2} C_i\right)}{C_N + C_{N-1} + \sum_{i=0}^{N-2} C_i} \tag{3-74}$$

即

$$V_{x,N-1} = V_{cm} + \frac{C_{N-1} - \sum_{i=0}^{N-2} C_i}{C_N + C_{N-1} + \sum_{i=0}^{N-2} C_i} V_{ref} \tag{3-75}$$

进一步化简得

$$V_{x,N-1} = V_{cm} + \frac{1}{2}\left(\alpha_N + \alpha_{N-1}\right)V_{ref} \tag{3-76}$$

因此，次高位电容 C_{N-1} 由电容失配引起的量化失配电压 $\Delta V_{x,N-1}$ 为

$$\Delta V_{x,N-1} = V_{x,N-1} - V_{cm} = \frac{1}{2}\left(\alpha_N + \alpha_{N-1}\right)V_{ref} \tag{3-77}$$

联立式（3-65）和式（3-77），得到次高位电容 C_{N-1} 的补偿失配电压 $\Delta V_{\alpha,N-1}$ 与量化失配电压 $\Delta V_{x,N-1}$ 的关系为

$$\Delta V_{\alpha,N-1} = \frac{1}{2}\left(\Delta V_{x,N-1} - \Delta V_{\alpha,N}\right) \tag{3-78}$$

经数学归纳法推导，第 i 位补偿失配电压 $\Delta V_{\alpha,i}$ 与量化失配电压 $\Delta V_{x,i}$ 的关系为

$$\Delta V_{\alpha,i} = \frac{1}{2}\Delta V_{x,i}, \quad i = N \tag{3-79}$$

$$\Delta V_{\alpha,i} = \frac{1}{2}\left(\Delta V_{x,i} - \sum_{j=i+1}^{N} \Delta V_{\alpha,j}\right), \quad i = 1,2,\cdots,N-1 \tag{3-80}$$

综上可以得到电容阵列中每位的补偿失配电压 $\Delta V_{\alpha,i}$ 对应的数字码和量化失配电压 $\Delta V_{x,i}$ 对应的数字码的关系为

$$D(V_{\alpha,i}) = \frac{1}{2}D(\Delta V_{x,i}), \quad i = N \tag{3-81}$$

$$D(V_{\alpha,i}) = \frac{1}{2}\left[D(\Delta V_{x,i}) - \sum_{j=i+1}^{N} D(V_{\alpha,j})\right], \quad i = 1,2,\cdots,N-1 \tag{3-82}$$

当获得了电容阵列中每一位的电容失配关系时，SAR ADC 自校准中的误差检测阶段结束，当 ADC 进入正常量化阶段时，通过校准 DAC 结合已经获得的该位量化失配电压数字码将失配电压补偿，从而解决由于电容失配引起的 DAC 输出电压误差问题，实现失配校准。

3.4.3 数字后台校准技术

随着半导体工艺技术的发展，先进 CMOS 工艺的特征尺寸与最大供电电压均在逐年下降。数字电路在功耗和速度方面相对较模拟电路在先进 CMOS 工艺中获得了非常大的优势，数字化模拟电路成为了一个热门的研究领域。因此，本节介绍两种针对高精度 SAR ADC 中电容失配的数字后台校准算法，并进行 MATLAB 模型验证。

1. 基于"Split-ADC"的数字后台校准技术

本节介绍基于"Split-ADC"的数字后台校准技术，该技术针对电容失配导致的权重误差进行优化，图 3-59 是基于"Split-ADC"的数字后台校准算法的系统框图。

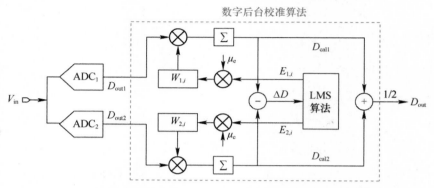

图 3-59　基于"Split-ADC"的数字后台校准算法的系统框图[19]

校准思路为将 SAR ADC 分裂为两个相同的子 ADC，分别对相同的模拟输入进行量化，由于两个子 ADC 包含不同的误差信息，因此量化出数字码的差值反映了误差大小，通过对电容权重进行 LMS 算法的迭代，将差值降低为接近 0，即完成了失配校准。将两个子 ADC 分别由 ADC₁ 和 ADC₂ 表示，当校准开始时，对同一个输入信号 V_{in} 进行量化，并分别得到数字输出码 D_{out1} 和 D_{out2}，为

$$D_{out1} = \sum_{i=1}^{N} W_{1,i}D_{1,i} \tag{3-83}$$

$$D_{out2} = \sum_{i=1}^{N} W_{2,i}D_{2,i} \tag{3-84}$$

上述公式中，N 代表 ADC 的分辨率，$W_{1,i}$ 和 $W_{2,i}$ 为实际权重，$D_{1,i}$ 和 $D_{2,i}$ 为量化过程中逐次比较的数字输出结果。当电容不存在失配时，实际权重为理想的二进制权重，两个通道的输出 D_{out1} 和 D_{out2} 相同，差值为 0，因此不会驱动 LMS 算法迭代来更新权重。但对于实际的 ADC₁ 和 ADC₂，由于它们分别存在满足正态分布的随机电容失配，当它们同时转换 V_{in} 时，会分别得到不同的 D_{out1} 和 D_{out2}。假设实际权重 $W_{1,i,real}$ 和 $W_{2,i,real}$ 由理想权重 $W_{1,i,ideal}$ 和 $W_{2,i,ideal}$ 与误差权重 $\alpha_{1,i}$ 和 $\alpha_{2,i}$ 组成，可以表示为

$$W_{1,i,real} = W_{1,i,ideal} + \alpha_{1,i} \tag{3-85}$$

$$W_{2,i,real} = W_{2,i,ideal} + \alpha_{2,i} \tag{3-86}$$

则实际情况下的输出数字码 D_{out1} 和 D_{out2} 分别为

$$D_{out1} = \sum_{i=1}^{N} \left(W_{1,i,ideal} + \alpha_{1,i}\right)D_{1,i} = \sum_{i=1}^{N} W_{1,i,ideal}D_{1,i} + \sum_{i=1}^{N} \alpha_{1,i}D_{1,i} \tag{3-87}$$

$$D_{out2} = \sum_{i=1}^{N} \left(W_{2,i,ideal} + \alpha_{2,i}\right)D_{2,i} = \sum_{i=1}^{N} W_{2,i,real}D_{2,i} + \sum_{i=1}^{N} \alpha_{2,i}D_{2,i} \tag{3-88}$$

所以当两个子 ADC 对量化相同输入的数字码做差时，理想部分就被消去，剩下的误差信息 ΔD_{out} 为

$$\Delta D_{\text{out}} = D_{\text{out}1} - D_{\text{out}2} = \sum_{i=1}^{N} \alpha_{1,i} D_{1,i} - \sum_{i=1}^{N} \alpha_{2,i} D_{2,i} \tag{3-89}$$

将式（3-89）转换为矩阵形式，如式（3-90）所示，方便 LMS 算法进行权重迭代，其算法如式（3-91）、式（3-92）和式（3-93）所示，其中每得到一组误差权重 $\alpha_{1,i}$ 和 $\alpha_{2,i}$ 需要 ADC 提供 M 个采样周期的量化输出数字码，μ_{w} 和 μ_{e} 为迭代系数，通过其设定值的大小不同会影响权重收敛的速度和精度。

$$\overset{\Delta \boldsymbol{D}}{\begin{bmatrix} \Delta \boldsymbol{D}_1 \\ \Delta \boldsymbol{D}_2 \\ \Delta \boldsymbol{D}_3 \\ \vdots \\ \Delta \boldsymbol{D}_M \end{bmatrix}} = \overset{A}{\begin{bmatrix} D_{1,(1,1)} & \cdots & D_{1,(1,N)} & -D_{2,(1,1)} & \cdots & -D_{2,(1,N)} \\ \vdots & \ddots & \vdots & \vdots & \ddots & \vdots \\ D_{1,(M,1)} & \cdots & D_{1,(M,N)} & -D_{2,(M,1)} & \cdots & -D_{2,(M,N)} \end{bmatrix}} \times \overset{\alpha}{\begin{bmatrix} \alpha_{1,1} \\ \vdots \\ \alpha_{1,N} \\ \alpha_{2,1} \\ \vdots \\ \alpha_{2,N} \end{bmatrix}} \tag{3-90}$$

$$\alpha(n+1) = (1 - \mu_{\text{w}})\alpha(n) + \mu_{\text{w}}(A^{\text{T}} \Delta \boldsymbol{D}) \tag{3-91}$$

$$W_{1,i}(n+1) = W_{1,i}(n) - \mu_{\text{e}} \alpha_{1,i} \tag{3-92}$$

$$W_{2,i}(n+1) = W_{2,i}(n) - \mu_{\text{e}} \alpha_{2,i} \tag{3-93}$$

基于"Split-ADC"的数字后台校准算法不存在模拟部分的辅助设计，因此实现起来相对容易。但其校准的原理为，两个同时含有权重误差信息的 ADC 互为参考进行迭代，容易导致在校准的中间过程两个子 ADC 的权重误差信息一致而使校准停止，因此降低校准精度，可以采用额外的技术如电容随机化解决上述问题，但这同时增加了模拟部分电路设计的复杂性，并且由于采用了双通道设计，增益误差和失调误差等也需要额外的校准技术进行处理。

2. 基于扰动的数字后台校准技术

本节介绍基于扰动的数字后台校准技术，该技术针对电容失配导致的权重误差进行优化。在一个采样周期内分别对 SAR ADC 的输入信号叠加大小相同、符号相反的正注入和负注入，检测输出数字码的差值是否为理论上的两倍注入量，若不是，则电路存在失配误差，进而对电容权重进行基于 LMS 算法的迭代校准。

线性系统中的叠加原理是实现该校准技术的重要思路，图 3-60 为线性叠加原理的系统框图。可以看到，当对线性系统的模拟输入 V_{in} 叠加一个扰动信号 Δ 后，在量化结束时，将扰动信号所对应的数字量减去即可得到模拟输入的数字量，当系统存在非线性时，不满足上述对应关系。

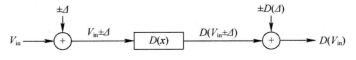

图 3-60　线性叠加原理的系统框图

图 3-61 通过 SAR ADC 的传输特性曲线对叠加原理进行解释。图 3-61（a）、（b）为线性系统校准前后的传输特性曲线，当对输入信号叠加一个大小相同、符号相反的注入量 Δ 时，其传输特性曲线会产生水平方向上的偏移，当在数字域减去注入量对应的数字码时，传输特性曲线恢复到理想状态。图 3-61（c）、（d）为非线性系统校准前后的传输特性曲线，当进行上述同样的操作时，其传输特性曲线无法恢复理想状态，会形成一个反映误差信息的平行四边形的窗口，校准技术通过对权重进行优化，使窗口缩小，当误差趋近于 0 时表明校准结束。

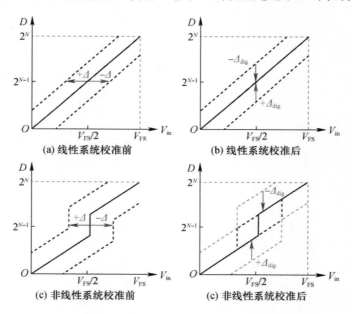

图 3-61　SAR ADC 的传输特性曲线[20]

如图 3-62 所示为基于扰动的数字后台校准技术的系统框图。该校准技术的工作原理为，在一个采样周期内，对 SAR ADC 分别进行正注入 $+\Delta$ 和负注入 $-\Delta$，并分别进行所有位的量化，所对应的数字输出码为 D_+ 和 D_-，若这两个数字码的差值不等于两倍的注入量 2Δ，则对权重进行基于 LMS 算法的迭代，当差值等于或趋近于两倍的注入量时，完成校准。

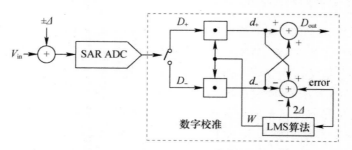

图 3-62　基于扰动的数字后台校准技术的系统框图[20]

图中的 d_+ 和 d_- 通过对 SAR ADC 量化结果中的每一位数字码通过加权求和得出，为

$$d_+ = \sum_{i=0}^{N} W_i \cdot D_{i,+} \tag{3-94}$$

$$d_- = \sum_{i=0}^{N} W_i \cdot D_{i,-} \tag{3-95}$$

则反映权重误差 error 的大小为

$$error = d_+ - d_- - 2 \cdot \Delta \tag{3-96}$$

最后，通过 LMS 算法对注入量和权重进行更新，为

$$W_i(n+1) = W_i(n) - \mu_w \cdot error(n) \cdot \left[D_{i,+}(n) - D_{i,-}(n) \right], \ i = 0,1,\cdots,N \tag{3-97}$$

$$\Delta(n+1) = \Delta(n) + \mu_\Delta \cdot error(n) \tag{3-98}$$

校准完成后的权重表示含有误差信息的电容阵列最终的权重，为了降低后续数字电路的功耗与面积，式（3-97）和式（3-98）中的 μ_w 和 μ_Δ 通常取为 2 的幂次方，这可通过移位操作实现，避免了除法器的使用。

在 MATLAB 模型中，对迭代系数 μ_w 和 μ_Δ 以及注入量的取值进行了对比分析。图 3-63 展示了迭代系数都为 2^{-5}、2^{-6} 及 2^{-7} 且注入量分别为 10LSB、20LSB、30LSB 时最高位权重的校准收敛曲线，可以看出，当注入量和迭代系数越大时，曲线将会越快趋于收敛和稳定。

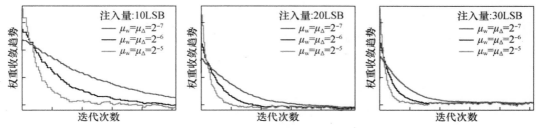

图 3-63　不同迭代系数和注入量校准时最高位权重的校准收敛曲线

3．对比分析

（1）MATLAB 模型验证

本节模型为 14 位传统二进制电容阵列 SAR ADC，由于基于扰动的校准算法需要冗余，并考虑到两种校准技术的 SAR ADC 模型需要具有一致性，因此在模型中配置两个冗余位，输出 16 位数字码。图 3-64 给出了 14 位 SAR ADC 在理想情况时的 FFT 频谱图，其中 SNDR 为 86.04dB，ENOB 为 14bit，说明 14 位 SAR ADC 的模型设计合理。

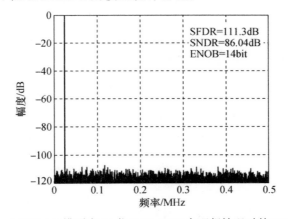

图 3-64　MATLAB 模型中 14 位 SAR ADC 在理想情况时的 FFT 频谱图

（2）不同方案的校准前后对比

① 基于"Split-ADC"的数字后台校准技术的仿真验证

在 SAR ADC 模型中分别对两个子 ADC 加入 3% 的随机电容失配。图 3-65 和图 3-66 给出

了校准前后的 FFT 频谱图，从图中可以看出，ENOB 提升约 1.5bit。图 3-67 给出了各位的权重误差收敛曲线。综合分析可以说明该算法能够实现对电容失配的校准。

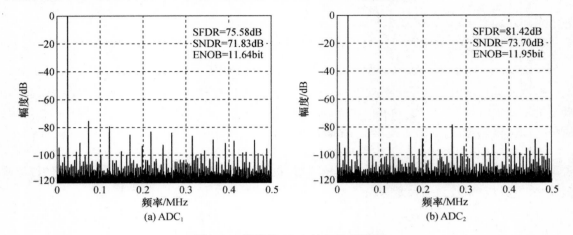

(a) ADC₁   (b) ADC₂

图 3-65　校准前 ADC 的 FFT 频谱图

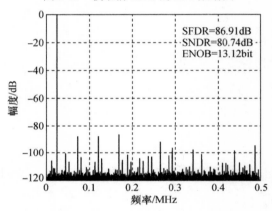

图 3-66　校准后 ADC 的 FFT 频谱图

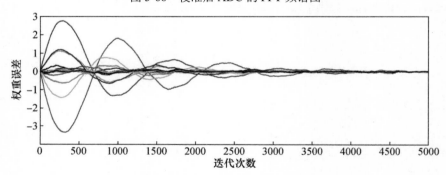

图 3-67　各位的权重误差收敛曲线

② 基于扰动的数字后台校准技术的仿真验证

在 SAR ADC 模型中加入 3%的随机电容失配，图 3-68 给出了校准前和校准后的 FFT 频谱图，从图中可以看出，ENOB 提升 1.79bit，图 3-69 为最高位权重收敛曲线。相比于基于"Split-ADC"的校准技术，基于扰动的校准技术对谐波的抑制能力更优，因此无论是从 SNDR 和 SFDR 分析，基于扰动的校准技术的校准能力更强。

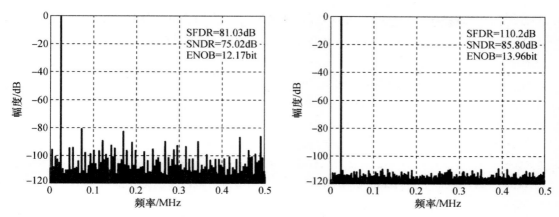

图 3-68 校准前和校准后 ADC 的 FFT 频谱图

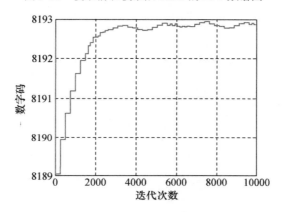

图 3-69 最高位的权重误差收敛曲线

（3）优缺点对比

3 种典型的数字后台校准算法的优缺点见表 3-3。

表 3-3 3 种典型的数字后台校准算法的优缺点

数字后台校准算法	优点	缺点
基于自校准	校准在模拟域进行，实现方式较简单	校准 DAC 存在失配，影响校准精度
基于"Split-ADC"	无须对 SAR ADC 模拟部分进行额外的电路配置	两通道间的不匹配导致额外的失配误差和增益误差，校准效果较差
基于扰动	单通道校准，校准效果较好	校准需正负注入并量化，采样率减半

参 考 文 献

[1] 毕查德·拉扎维. 模拟 CMOS 集成电路设计. 西安：西安交通大学出版社，2003.

[2] A. Abo, P. Gray. A 1.5V，10bit，14.3MS/s CMOS Pipelined Analog-to-Digital Converter. IEEE Journal of Solid-State Circuits. 2002，34(5): 599-606.

[3] M. Dessouky, A. Kaiser. Input Switch Configuration Suitable for Rail-to-Rail Operation of Switched-Opamp Circuits. Electronics Letters. 2015，35(1): 8-10.

[4] S. Pavan，R. Schreier, G. Temes. Understanding Delta-Sigma Data Converters. Wiley-IEEE Press，2017.

[5]   R. Gray. Quantization noise spectra. IEEE Transactions on Information Theory. 1990，36(6): 1220-1244.

[6]   S. Norsworthy，R. Schreier, G. Temes. Delta-Sigma Data Converters: Theory, Design and Simulation. Wiley Press，1997.

[7]   E. Hogenauer. An Economical Class of Digital Filters for Decimation and Interpolation. IEEE Transactions on Acoustics，Speech，and Signal Processing. 1981，29(2):155-162.

[8]   C. Hsu，F. Huang，C. Shih, et al. An 11bit 800MS/s Time-Interleaved ADC with Digital Background Calibration. IEEE International Solid-State Circuits Conference. 2007，464-615.

[9]   J. Elbornsson，F. Gustafsson, J. Eklund. Blind Adaptive Equalization of Mismatch Errors in a Time-Interleaved A/D Converter System. IEEE Transactions on Circuits and Systems I: Regular Papers. 2004，51(1): 151-158.

[10] D. Stepanovic, B. Nikolic. A 2.8GS/s 44.6mW Time-Interleaved ADC Achieving 50.9dB SNDR and 3dB Effective Resolution Bandwidth of 1.5GHz in 65nm CMOS. IEEE Journal of Solid-State Circuits. 2013, 48(4): 971-982.

[11] B. Razavi. Design Considerations for Interleaved ADCs. IEEE Journal of Solid-State Circuits. 2013, 48(8): 1806-1817.

[12] H. Jin, E. Lee. A Digital-Background Calibration Technique for Minimizing Timing-Error Effects in Time-Interleaved ADCs. IEEE Transactions on Circuits and Systems II: Analog and Digital Signal Processing. 2000, 47(7): 603-613.

[13] T. Miki，T. Ozeki, J. Naka. A 2GS/s 8bit Time-Interleaved SAR ADC for Millimeter-Wave Pulsed Radar Baseband SoC. IEEE Journal of Solid-State Circuits. 2017，52(10): 2712-2720.

[14] M. El-Chammas, B. Murmann. A 12GS/s 81mW 5bit Time-Interleaved Flash ADC With Background Timing Skew Calibration. IEEE Journal of Solid-State Circuits. 2011，46(4): 838-847.

[15] J. McNeill，C. David，M. Coln，et al. "Split ADC" Calibration for All-Digital Correction of Time-Interleaved ADC Errors. IEEE Transactions on Circuits and Systems II: Express Briefs. 2009，56(5): 344-348.

[16] M. Guo, J. Mao, S. Sin，et al. A 1.6GS/s 12.2mW Seven-/Eight-Way Split Time-Interleaved SAR ADC Achieving 54.2dB SNDR with Digital Background Timing Mismatch Calibration. IEEE Journal of Solid-State Circuits. 2020，55(3): 693-705.

[17] C. Law，P. Hurst, S. Lewis. A Four-Channel Time-Interleaved ADC with Digital Calibration of Interchannel Timing and Memory Errors. IEEE Journal of Solid-State Circuits. 2010，45(10): 2091-2103.

[18] C. Huang，C. Wang, J. Wu. A CMOS 6bit 16GS/s Time-Interleaved ADC Using Digital Background Calibration Techniques. IEEE Journal of Solid-State Circuits. 2011，46(4): 848-858.

[19] H. Lee, D. Hodges. Self-Calibration Technique for A/D Converters. IEEE Transactions on Circuits and Systems. 1983，30(3): 188-190.

[20] J. McNeill，K. Chan，M. Coln，et al. All-Digital Background Calibration of a Successive Approximation ADC Using the "Split ADC" Architecture. IEEE Transactions on Circuits and Systems I: Regular Papers. 2011，58(10): 2355-2365.

[21] W. Liu，P. Huang, Y. Chiu. A 12bit 45MS/s 3mW Redundant Successive-Approximation-Register Analog-to-Digital Converter with Digital Calibration. IEEE Journal of Solid-State Circuits. 2011，46(11): 2661-2672.

第 4 章　低压时域化 ADC

4.1　电压域与时间域比较器

作为 A/D 转换中的核心模块，比较器的性能与 ADC 的性能紧密相关。比较器通过对两个模拟电压值的大小进行判断，输出结果为"0"或"1"的数字码。因此，比较器也是一个 1 位 ADC。传统的比较器通常为电压比较器，其本质上为一个放大器，将差分输入的小信号放大至具有较大压差的大信号，再通过缓冲器驱动至强"0"或强"1"。电压比较器的原理明确，技术成熟，在 SAR ADC 设计中被广泛使用。然而在低功耗的应用场景中，较低的供电电压将导致传统的电压比较器难以发挥其性能，往往需要更多的功耗才能实现较高的精度，因此在近年来的低功耗、高精度 SAR ADC 设计中，出现了较多基于时间域比较器的技术，能够更好地应对先进工艺和较低电压对传统模拟模块所带来的冲击。下面将对两种类型的比较器进行详细分析。

4.1.1　传统电压比较器

电压比较器种类较多，常用的主要有运放比较器、锁存比较器以及两者结合的预放大锁存比较器。运放比较器的输出与时间成负指数关系，即对小信号响应快，对大信号响应慢，所以运放比较器主要应用于速度较慢、精度要求高的系统中。锁存比较器的输出与时间成正指数关系，即对小信号响应慢，对大信号响应快。锁存比较器的失调电压较大，另外，由于其输出为大信号，则输出信号的变化容易影响输入，产生"回踢"噪声，从而影响精度，因此，锁存比较器主要应用于高速、低精度的电路中。由于锁存比较器和运放比较器均无法同时达到高精度和高速度，因此通过结合两者的优点，组合成预放大锁存比较器，如图 4-1 所示，它由多级预放大器（预放大级）和锁存器（Latch）级联而成。锁存器前的多级预放大器将输入信号 V_{in} 放大，并将放大后的信号送入锁存器的输入端，锁存器快速识别并将结果输出。预放大锁存比较器在提高速度的同时也能保证精度，是高速、高精度设计中最常采用的结构。

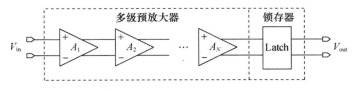

图 4-1　预放大锁存比较器的结构示意图

预放大器和锁存器的时域响应如图 4-2 所示。当输入信号电压为 V_{oL}，期望得到的比较器输出结果为 V_{oH} 时，若采用预放大器，完成比较所需时间较长。若采用锁存器，完成比较所需时间为 $t_1+t_{save}+t_2$。若采用预放大锁存比较器，预放大器将输入电压放大到 V_x 所需的时间为 t_1，将 V_x 加到锁存器的输入端，锁存器利用正反馈将 V_x 放大到 V_{oH}，V_x 被放大到 V_{oH} 所需时间为 t_2，完成比较所需时间仅为 t_1+t_2，节约了 t_{save} 的时间。

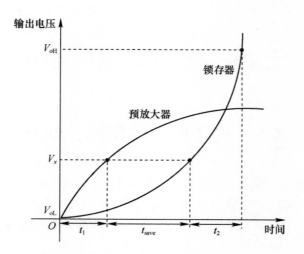

图 4-2　预放大器和锁存器的时域响应

1. 静态比较器

预放大锁存比较器的噪声主要取决于第一级预放大器，其电路结构如图 4-3（a）所示，采用较大尺寸的 PMOS 输入管以减小噪声和失调，M_4 和 M_5 有助于减小回踢噪声的影响。第一级主要要求低噪声和高带宽，因此采用二极管连接的 NMOS 管作负载。第二、三级的电路结构如图 4-3（b）所示，其中 $M_1 \sim M_4$ 形成了正反馈结构，与传统的五管全差分放大器相比，有更高的增益。

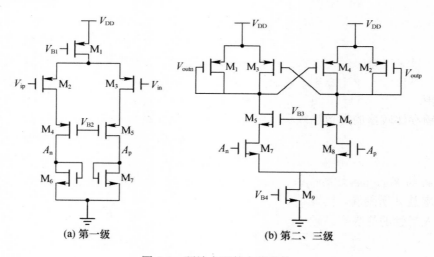

图 4-3　预放大器的电路结构

锁存器如图 4-4 所示，RST 为锁存器的复位信号，当其为低时是复位阶段，M_9、M_{10} 关断，无法正常处理输入信号，输出端被上拉到 V_{DD}；RST 为高时是正常工作阶段，M_9、M_{10} 导通，根据输入信号的不同，输出端以不同的速度放电。若 $V_{ip} > V_{in}$，A 点电压下降更快，当其低至 M_8 管导通时，M_3、M_4、M_6、M_8 组成的双稳态电路使得输出端 A 点的电压更低，B 点的电压更高，进而完成锁存。之后经过反相器，可以快速上拉或下拉到稳定的高低电平，并且有助于消除毛刺。

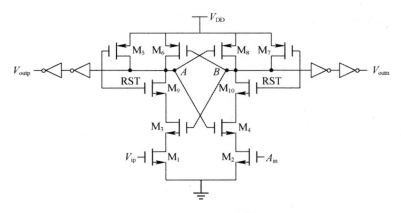

图 4-4　锁存器的电路原理图

（1）增益

第一级预放大器采用二极管连接的 NMOS 管作为负载，其增益较小，为

$$A_1 = \frac{g_{m2}}{g_{m6}} = \sqrt{\frac{\mu_P(W_2/L_2)}{\mu_N(W_6/L_6)}} \tag{4-1}$$

其中，g_{m2} 和 g_{m6} 为 M2 和 M6 管的跨导，μ_P 和 μ_N 为 PMOS 管和 NMOS 管的多数载流子迁移率，W_2/L_2 和 W_6/L_6 分别代表 M2 和 M6 管的宽长比。第二、三级预放大器的增益为

$$A_{2,3} \approx \frac{g_{m7}}{g_{m1} - g_{m3}} \tag{4-2}$$

其中，g_{m1}、g_{m3} 和 g_{m7} 分别为 M1、M3 和 M7 管的跨导。三级预放大器的总增益为各级增益的乘积，为

$$A_{\text{total}} = A_1 \cdot A_2 \cdot A_3 \tag{4-3}$$

（2）噪声

预放大锁存比较器的等效输入噪声由预放大级和锁存器共同决定，为

$$\overline{V_{\text{noise\_in}}^2} = \overline{V_{\text{noise\_pre}}^2} + \frac{1}{A^2}\overline{V_{\text{noise\_latch}}^2} \tag{4-4}$$

其中，$V_{\text{noise\_pre}}$ 与 $V_{\text{noise\_latch}}$ 分别代表预放大级和锁存器所贡献的噪声，上式表明锁存器的噪声被预放大级的增益 A 所削弱，因此预放大级所贡献的噪声在比较器噪声中占较大比重，噪声也主要来源于输入对管的热噪声。预放大级的输出噪声 $V_{\text{noise\_out1}}$ 为

$$\overline{V_{\text{noise\_out1}}^2} \approx \frac{8kT\gamma}{g_m} \tag{4-5}$$

其中，k 为玻尔兹曼常数，T 为开尔文温度，γ 表示噪声相关系数，g_m 为输入对管的跨导。由预放大级的增益 A 可以反推其等效输入噪声，为

$$\overline{V_{\text{noise\_in1}}^2} \approx \frac{8kT\gamma}{g_m \cdot A} \approx \frac{8kT\gamma}{g_m} \cdot \sqrt{\frac{\mu_N(W_6/L_6)}{\mu_P(W_2/L_2)}} \tag{4-6}$$

除比较器的热噪声外，回踢噪声在比较器的设计中也需要考虑。回踢噪声是当输入差分对管的源漏电位发生变化时，该变化通过 MOS 管的寄生电容耦合回输入端，导致输入信号发生

变化。在中等精度 SAR ADC 的设计中，比较器所产生的回踢噪声对差分输入信号的影响较小，一般不会影响比较器的判断。但对于较高精度的 SAR ADC 设计，则需要尽量减小回踢噪声，以免比较器发生误判。

（3）失调

对于电压型的动态比较器来说，其失调电压会在一定程度上影响比较器的性能。失调具体可以分为静态失调和动态失调，具体分析见 1.3.1 节。对于一般的两级预放大锁存比较器来说，其失调电压由两级引起，但第二级的失调等效到输入会被第一级的增益所削弱，为

$$V_{\text{os\_in}} = V_{\text{os\_amp}} + \frac{1}{A} V_{\text{os\_latch}} \tag{4-7}$$

其中，$V_{\text{os\_in}}$、$V_{\text{os\_amp}}$ 和 $V_{\text{os\_latch}}$ 分别表示比较器输入、预放大级和锁存级的失调电压。从式中可以看出，比较器失调主要被预放大级所影响，为

$$V_{\text{os\_amp}} = \Delta V_{\text{th}6,7} + \frac{(V_{\text{GS}} - V_{\text{th}})_{6,7}}{2} \left(\frac{\Delta S_{6,7}}{S_{6,7}} + \frac{\Delta C_{6,7}}{C_{6,7}} \right) \tag{4-8}$$

式中，$\Delta V_{\text{th}6,7}$ 表示比较器差分输入对管的阈值电压失配；$(V_{\text{GS}}-V_{\text{th}})_{6,7}$ 代表差分输入对管的过驱动电压；$\Delta S_{6,7}$ 表示差分输入对管的器件参数失配，包括晶体管的长宽、电子迁移率及单位面积的栅氧化层电容；$\Delta C_{6,7}$ 表示第一级输出端的负载电容失配。一般地，由于制造工艺所引起的差异，如 $\Delta V_{\text{th}6,7}$、$\Delta S_{6,7}$ 和 $\Delta C_{6,7}$ 均表现为固定值，电路在工作时不会影响其差异量，因此由这些差异量所引起的比较器失调表现为静态失调。然而 $(V_{\text{GS}}-V_{\text{th}})_{6,7}$ 和差分输入对管的栅极电压具有一定关系，若在比较器工作中差分输入信号的共模电压变化过大，就会导致 $(V_{\text{GS}}-V_{\text{th}})_{6,7}$ 产生与输入信号有关的变化，因此表现为动态失调，严重情况下影响整个 ADC 的线性度。

常用的静态比较器失调校准技术为输入失调存储技术（IOS，Input Offset Storage）和输出失调存储技术（OOS，Output Offset Storage）。IOS 结构如图 4-5 所示，A 为运放增益，V_{OS} 为运放的等效输入失调电压。

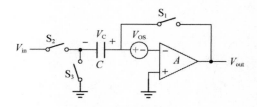

图 4-5　IOS 结构

此结构的消除失调过程分为失调存储和比较两阶段。在失调存储阶段，开关 S_1 和 S_3 闭合，S_2 断开，此时运放接成闭环，则有

$$(V_{\text{out}} - V_{\text{OS}}) A = -V_{\text{out}} \tag{4-9}$$

则电容 C 上的电压为

$$V_{\text{C}} = V_{\text{out}} = \frac{A}{1+A} V_{\text{OS}} \tag{4-10}$$

在比较阶段，开关 S_1 和 S_3 断开，S_2 闭合，先不考虑开关 S_1 和 S_3 的非理想效应，V_{in} 只需 $V_{\text{OS}}/(1+A)$ 就可以使比较器输出发生翻转，而无消除失调技术时，输入 V_{in} 需要达到 V_{OS} 才能使比较器的输出发生翻转。因此，比较器经 IOS 结构后，还存在一部分的失调无法消除，其大小为 $V_{\text{OS}}/(1+A)$。当考虑开关 S_1 和 S_3 的电荷注入效应时，完成失调消除后，输入失调电压为

$$\Delta V_{\text{OS}} = \frac{V_{\text{OS}}}{1+A} + \frac{\Delta Q}{C} \tag{4-11}$$

其中，ΔQ 为 S_1 和 S_3 关断时向电容 C 注入的电荷差。

OOS 结构如图 4-6 所示。在失调存储阶段，开关 S_2 和 S_3 闭合，S_1 和 S_4 断开，运放的输入失调电压被放大并存于电容 C 上，电容上电压为

$$V_C = AV_{OS} \qquad (4-12)$$

在比较阶段，开关 S_2 和 S_3 断开，S_1 和 S_4 闭合，忽略开关 S_3 的非理想效应，V_{in} 只需大于 0 就可以使比较器输出发生翻转，相当于无失调电压。所以，经 OOS 结构后，失调被完全消除。当考虑开关 S_3 的电荷注入效应时，采用 OOS 技术完成失调消除后，输入失调电压为

$$\Delta V_{OS} = \frac{\Delta Q}{AC} \qquad (4-13)$$

其中，ΔQ 为 S_3 关断时向电容 C 注入的电荷。

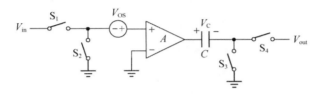

图 4-6 OOS 结构

从式（4-11）和式（4-13）可以看出，与 IOS 结构相比，OOS 结构对失调电压的处理更彻底，但 OOS 结构中的电容 C 需要存储的电压为 AV_{OS}，因此所需的电容值较大，IOS 结构更加简单，引入的开关更少，时钟噪声对电路的影响更小。

带有失调消除技术的高精度 SAR ADC 比较器结构如图 4-7 所示，采用三级预放大器结合锁存器构成，第一级预放大器的失调对整个比较器的影响很大，所以第一级使用 OOS 技术，后级的失调由于会被前级衰减，因此使用 IOS 技术。比较器工作前，先进行失调存储，开关 S_1 和 S_2 断开，$S_3 \sim S_7$ 闭合。失调存储完成后，闭合开关 S_1 和 S_2，断开 $S_3 \sim S_7$，开始进行比较。

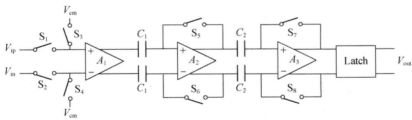

图 4-7 带有失调消除技术的高精度 SAR ADC 比较器结构

在失调存储阶段，因为比较器是对称的，为了便于运算，可将前三级预放大器的消除失调等效为如图 4-8 所示的模型。设第 i 级预放大器的直流增益为 A_i（$i=1$、2、3），先不考虑电荷注入效应，由上面介绍的关于 IOS 和 OOS 技术可知电容 C_1 和 C_2 上存储的电压分别为

$$V_{C1} = A_1 V_{OS1} - \frac{A_2}{1+A_2} V_{OS2} \qquad (4-14)$$

$$V_{C2} = \frac{A_2}{1+A_2} V_{OS2} - \frac{A_3}{1+A_3} V_{OS3} \qquad (4-15)$$

因此，可得两电容存储的等效电压和为

$$V_C = V_{C1} + V_{C2} = A_1 V_{OS1} - \frac{A_3}{1+A_3} V_{OS3} \qquad (4\text{-}16)$$

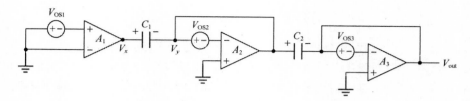

图 4-8 前三级预放大器的消除失调等效模型

可以看出，第二级的失调被抵消，第一级使用 OOS 结构，理论上能完全消除失调，所以 V_{out} 存在的残余失调电压为

$$V_Z = \frac{A_3}{1+A_3} V_{OS3} \qquad (4\text{-}17)$$

所以，等效到输入端的失调电压为

$$\Delta V_{OS} = \frac{V_Z}{A_1 A_2 A_3} = \frac{V_{OS3}}{A_1 A_2 (1+A_3)} \qquad (4\text{-}18)$$

当考虑电荷注入效应时，设 ΔQ_1 为开关 S_5/S_6 断开时注入电容 C_1 的电荷，ΔQ_2 为开关 S_5/S_6、S_7/S_8 断开时注入电容 C_2 的电荷之差，而 V_{OSL} 为锁存器的输入失调电压，则整个比较器等效到输入端的失调电压为

$$\Delta V_{OS} = \frac{V_{OS3}}{A_1 A_2 (1+A_3)} + \frac{V_{OSL}}{A_1 A_2 A_3} + \frac{\Delta Q_1}{A_1 C_1} + \frac{\Delta Q_2}{A_1 A_2 C_2} \qquad (4\text{-}19)$$

式中，锁存器的输入失调电压 V_{OSL} 最大，通常为 5~15mV，一般不会专门对锁存器的输入失调电压进行消除。通常通过对预放大级的总增益进行合理配置，使输入的最小电压差经预放大级处理后大于失调电压，从而跳过失调电压所能影响的区间，进而避免锁存器输入失调电压对比较结果的影响。

2. 动态比较器

典型的动态比较器均采用"预放大器+锁存器"的结构。该结构将信号先预放大至一定程度，再通过交叉耦合的反相器快速使其锁存至双稳态，具有较快的速度。常用的两种动态比较器如图 4-9（a）和（b）所示。

图 4-9（a）为"Strong-Arm"动态比较器，其仅通过一组差分输入对管 M_2 和 M_3 作为预放大级，利用 M_4、M_5 管和 M_6、M_7 管交叉耦合反相器作为锁存级实现比较器的功能。在工作开始前，比较器时钟 Clkc 首先为"0"，使比较器处于复位状态。M_{10} 与 M_{11} 管将比较器的差分输出 V_{outp} 和 V_{outn} 拉高至"1"，M_8 与 M_9 管也将 A_p 和 A_n 拉高至"1"，且由于 M_1 管关断，因此各个节点电压保持稳定。当 Clkc 变为"1"时，比较器开始工作。首先 M_1 管导通，充当 M_2 和 M_3 差分路径的电流源。接着，具有一定差异的 V_{ip} 和 V_{in} 分别为 M_2 和 M_3 管提供不同的栅极电压，导致两者导通程度不同，A_p 和 A_n 的电压以不同的速度降低。当 A_p 和 A_n 哪一边下降得更快时，M_6 与 M_4 管的哪一方就获得更大的栅源电压，就会使 V_{outp} 和 V_{outn} 中的一者比另一者更快趋

向"0"，由于两个反相器采用首尾相连的方式构成锁存器，当反相器输入、输出节点一旦出现变化，就会立刻在正反馈的作用下驱动至双稳态，从而使 V_{outn} 和 V_{outp} 中更快趋向于"0"的锁存至 0，而较慢的锁存至"1"。简单来说，"Strong-Arm"动态比较器通过一组差分对作为预放大级，将差分输入电压转化为两路电流并将其提供给一对交叉耦合反相器，使其锁存至双稳态，因此反相器趋向于稳态的方向与差分输入电压形成相关，其值代表比较器的比较结果。

图 4-9（b）为"Double-Tail"动态比较器，其原理和"Strong-Arm"动态比较器类似，同样通过预放大级产生差分电流提供给交叉耦合反相器。但是"Double-Tail"动态比较器分离了预放大级和锁存级，降低每一条通路中所叠加的 MOS 管数量，使该结构中的 MOS 管具有更充分的电压范围，并且更加适合于先进工艺。但由于其具有两组源极对地的通路，功耗要略大于"Strong-Arm"动态比较器。

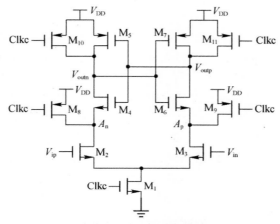

(a) "Strong-Arm"动态比较器

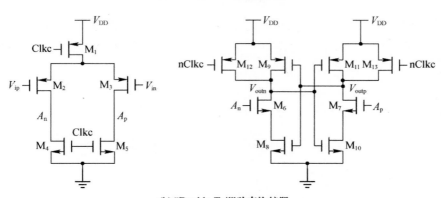

(b) "Double-Tail"动态比较器

图 4-9　两种典型的动态比较器

（1）增益

以图 4-9（a）为例，预放大级的增益为

$$A_V \approx \frac{g_{m2,3} \cdot V_T}{I_{CM}} \tag{4-20}$$

其中，$g_{m2,3}$ 为 M_2 或 M_3 管的跨导，V_T 为 M_4 或 M_6 管的阈值电压，I_{CM} 为 M_1 管尾电流的一半。

（2）噪声

噪声分析同 4.1.1 节。预放大级的工作实质即差分输入对管向 A_p 和 A_n 节点上等效电容充电的过程，因此噪声主要来源于输入对管的热噪声。根据热噪声功率及预放大级的充电时间，可以求出预放大级的输出噪声 $V_{\text{noise\_out1}}$ 为

$$\overline{V_{\text{nosie\_out1}}^2} = \frac{8kT\gamma g_m}{C_{\text{Ap/An}}} \frac{V_T}{I_{2,3}} \tag{4-21}$$

其中，k 是玻尔兹曼常数，T 是开尔文温度，γ 表示噪声相关系数，g_m 为输入对管的跨导，V_T 为锁存级 MOS 管反型时的阈值电压。由预放大级的增益 G 可以反推其等效输入噪声为

$$\overline{V_{\text{nosie\_in1}}^2} = \frac{\overline{V_{\text{nosie\_out1}}^2}}{A_V^2} = \frac{4kT\gamma}{C_{\text{Ap/An}}} \frac{V_{\text{GS}} - V_{\text{th}}}{V_T} \tag{4-22}$$

从式（4-22）可以看出，当比较器差分输入的共模电压稳定时（$V_{\text{GS}}-V_{\text{th}}$ 恒定），比较器的等效输入噪声与预放大级的差分输出电容成反比。因此为降低比较器噪声，适当增大第一级输出电容是一种有效的方式。值得注意的是，增大第一级输出电容也就意味着增加第一级的能耗，因此在高精度比较器的设计中需要折中考虑比较器噪声和功耗的关系。

（3）失调

失调分析同 4.1.1 节。针对比较器失调的一种前台校准方案如图 4-10 所示。在比较器的输入对管两端并联辅助 NMOS 管，在校准阶段识别失调极性后，依次判决辅助 NMOS 管的工作状态，补偿比较器的失调。该前台失调校准电路包括 $2n$ 个辅助 NMOS 管、两组移位寄存器和校准逻辑电路，其中 n 为自然数（以 $n=4$ 为例）。所用 $2n$ 个 NMOS 管中，n 个 NMOS 管分别通过源端和漏端并联于动态比较器的同相端输入管的两端，另外 n 个 NMOS 管分别通过源端和漏端并联于动态比较器的反相端输入管的两端。

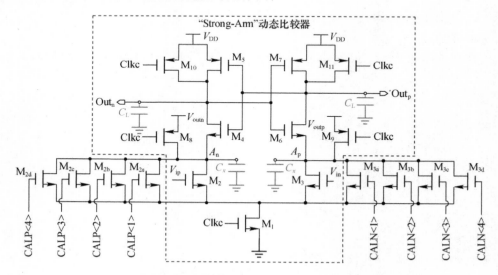

图 4-10 具有前台失调校准电路的"Strong-Arm"动态比较器

校准逻辑电路如图 4-11 所示，移位寄存器由 n 个触发器构成，以比较器的输出作为输入，其中 n 个触发器的输出端分别连接至并联于比较器差分输入管的 $2n$ 个 NMOS 管的栅端。校准

逻辑电路包括两个或门和一个异或门，其中，第一个或门用于检测比较器的失调极性（失调极性由比较器的输出获得）。异或门以移位寄存器的输出为输入，输出校准结束或继续校准的判决信号（当两组移位寄存器的输出一致时，输出继续校准的判决信号，否则输出校准结束的判决信号）。第二个或门用于输入比较器的失调极性和校准结束或继续校准的判决信号，输出校准周期内触发器的时钟。

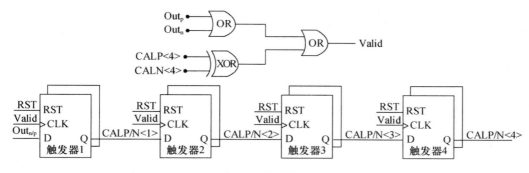

图 4-11　校准逻辑电路

辅助 NMOS 管用于补偿动态比较器输入对的失配，由移位寄存器产生的信号控制两端辅助 NMOS 管的工作状态。基于校准逻辑电路，通过将输入信号接为相同信号，由其输出是否为相同的 0/1 信号获取比较器的失调极性。依次补偿两端输入管的失调电压，校准周期结束后将辅助 NMOS 管的控制信号锁存，直接应用于后续比较器的工作周期中，从而在比较器工作时消除比较器的失调电压。

4 组辅助 NMOS 管的控制信号 CALP/N<1>~CALP/N<4>由两组移位寄存器产生，8 个上升沿触发的 D 触发器构成两组 4 位移位寄存器。由 NMOS 管的导通特性可知，当栅源电压大于阈值电压时 NMOS 管导通。在 NMOS 源端接地时，只需要控制栅端电压即可控制 NMOS 管所处的工作区，故控制信号接辅助 NMOS 管的栅端。将比较器的输出作为锁存器的输入以识别比较器失调，若同相输出为高电平，则打开反相输入端第一个辅助 NMOS 管，依次类推。

在校准周期结束后，将最终输出锁存结果应用于"Strong-Arm"动态比较器的后续工作周期。另外，移位寄存器的控制信号由 2 个或门和 1 个异或门所构成的校准逻辑电路产生，以比较器的输出和移位寄存器的输出作为输入，用来识别比较器是否存在失调并产生移位寄存器的时钟。其中，当移位寄存器的输出相异时作为校准周期的结束标志，表示最后一组辅助 NMOS 管的控制信号已产生，移位寄存器的时钟保持为高电平，锁存输出结果。

前台失调校准电路的时序如图 4-12 所示，在校准周期开始时，先分别将比较器时钟 Clkc 及移位寄存器的复位信号 RST 置 0，对其进行复位，此时 CALP<1>~CALP<4>、CALN<1>~CALN<4>均为低电平，辅助 NMOS 管处于截止区。控制辅助 NMOS 管是否接入的信号由移位寄存器产生，RST 信号无效，开始自校准过程。比较器输入接共模信号，以识别比较器失调的偏移极性，在第一个比较周期，假设 $Out_p = 0$，$Out_n = 1$，根据逻辑关系得到 Valid 信号有效，CALP<1>为高电平，其他控制信号保持低电平，打开 p 端的第一个辅助 NMOS 管，同时 CALN<1>为低电平，n 端的第一个辅助 NMOS 管仍处于截止区。比较完成后，Clkc=0，复位比较器，输出 $Out_p = Out_n = 0$，准备进行下一次比较，重复上述过程，需要 4 个比较周期。在第四个比较周期，Valid 保持为高电平，将各个辅助 NMOS 管的状态锁存。图 4-12 中标明了校准周期，以控制信号 CALP<1>~CALP<4>为例进行说明，不代表所有不同情况下的仿真结果。

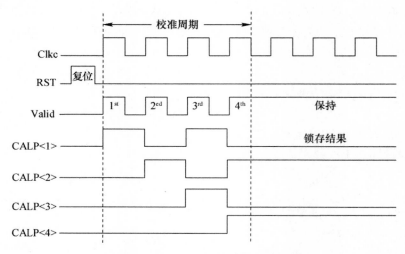

图 4-12　前台失调校准电路的时序

通过并联辅助 NMOS 管的方式补偿比较器输入管的失调，使得比较器两端输入管的宽长比及阈值电压趋于一致，以尽可能消除比较器输入管的失调。另外，可分别通过调整辅助NMOS 管的个数及宽长比来调节校准范围及校准精度。

4.1.2　基于压控延时线的比较器

图 4-13 展示了全差分压控延时线（VCDL，Voltage Controlled Delay Line）比较器的电路结构。VCDL 以压控延时单元为基础单元，多级串联形成。压控延时单元由一个反相器和一个起限制电流作用的 MOS 管组成。限流 NMOS 管的压控延时单元控制下拉速度，限流 NMOS 管的栅极电压越小，导致下拉速度越慢；限流 PMOS 管的压控延时单元控制上拉速度，限流 PMOS管的栅极电压越大，导致上拉速度越慢。两种压控延时单元组合后控制延时线产生的时钟频率向相同的方向变快或变慢，两路时钟信号以不同的频率送入鉴相器（PD，Phase Detector），鉴相器通过分辨时钟信号上升沿或下降沿的先后产生数字输出。

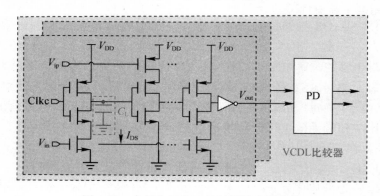

图 4-13　全差分 VCDL 比较器的电路结构

比较器的延时影响 ADC 的速度，是较为重要的一项参数，以 SAR ADC 为例，在固定的采样率下，如果比较器的延时过大，留给后续的逻辑电路的时间就会减少，而电容阵列的建立时间是固定的，若在一个采样周期内 DAC 电容阵列并没有完全建立，则会恶化 SAR ADC 的性能。对于单个延时单元来说，其延时 t_d 为

$$t_d = \frac{C_L \cdot V_{DD}}{2 \cdot I_{DS}} \tag{4-23}$$

其中，C_L 为每一级延时单元的负载电容，V_{DD} 为供电电压，I_{DS} 为压控 MOS 管的导通电流。

（1）增益

下面将分析基于 VCDL 比较器的增益。由于基于 VCDL 的比较器由两个差分输入的 VCDL 构成，因此当差分输入电压差大小为 ΔV_{in} 时，延时 t_{d_diff} 为

$$t_{d\_diff} = \frac{C_L \cdot V_{DD}}{2} \left(\frac{1}{I_{DS} - g_m \Delta V_{in}/2} - \frac{1}{I_{DS} + g_m \Delta V_{in}/2} \right) \approx \frac{C_L \cdot V_{DD} \cdot g_m}{2 I_{DS}^2} \Delta V_{in} \tag{4-24}$$

其中，g_m 是 NMOS 管栅极电压在 $1/2*V_{DD}$ 时的跨导，由差分信号 ΔV_{in} 推导出每一级的电压-时间（V-T）增益 A 为

$$A = \frac{t_{d\_diff}}{\Delta V_{in}} = \frac{C_L \cdot V_{DD} \cdot g_m}{2 \cdot I_{DS}^2} \tag{4-25}$$

当 VCDL 中具有 L 级延时单元时，整体 VCDL 比较器的 V-T 增益为

$$A_L = L \cdot A = \frac{L \cdot C_L \cdot V_{DD} \cdot g_m}{2 \cdot I_{DS}^2} \tag{4-26}$$

由式（4-26）可知，VCDL 比较器的增益与延时成正比。

（2）噪声

下面将分析基于 VCDL 比较器的等效输入噪声。每一级延时单元热噪声的标准差为

$$\Delta_{unit,noise} = \frac{\sqrt{C_L \cdot \alpha \cdot k \cdot T}}{I_{DS}} \tag{4-27}$$

其中，α 为 g_m、输出电阻 r_o 和噪声因子 γ 的乘积，k 为玻尔兹曼常数，T 是开尔文温度。一个振荡周期产生的噪声是 L 级延时单元的叠加，为

$$\Delta_{cycle,noise} = \frac{\sqrt{L \cdot C_L \cdot \alpha \cdot k \cdot T}}{I_{DS}} \tag{4-28}$$

因此，对于 L 级延时单元，总的等效输入噪声标准差为

$$\Delta_{noise} = \frac{\Delta_{cycle,noise}}{A_L} = \frac{1}{\sqrt{L \cdot C_L}} \cdot \frac{2 \cdot I_{DS} \cdot \sqrt{\alpha \cdot k \cdot T}}{g_m \cdot V_{DD}} \tag{4-29}$$

由式（4-29）可知，VCDL 比较器的噪声与 $\sqrt{L}$ 成反比。

（3）失调

下面将分析基于 VCDL 比较器的等效输入失调电压。VCDL 输入阶段的失调电压会在延迟

时间上产生偏差Δt_d，为

$$\Delta t_d = \frac{C_L \cdot V_{DD} \cdot g_m}{2I_{DS}^2} \Delta V_{OS} \tag{4-30}$$

由于 VCDL 的输出包括来自每个延时单元的所有偏移，对于 L 级延时单元，总的偏移时间标准差为

$$\Delta t_d = \sqrt{L} \cdot \frac{C_L \cdot V_{DD} \cdot g_m \cdot \Delta V_{OS}}{2I_{DS}^2} \tag{4-31}$$

因此，对于 L 级延时单元，总的等效输入失调电压标准差为

$$\Delta V_{OS,L} = \frac{\Delta t_{d,L}}{A_L} = \frac{1}{\sqrt{L}} \cdot \Delta V_{OS} \tag{4-32}$$

由式（4-32）可知，VCDL 比较器的失调电压与 $\sqrt{L}$ 成反比。

综上可知，VCDL 的级数 L 越大，增益越高，等效输入噪声和失调越小，但延时会增加，不利于速度的提高。因此，VCDL 比较器的延时、增益、噪声和失调之间存在折中关系，需要针对设计指标进行取值。

4.1.3　基于压控振荡器的比较器

图 4-14 为传统结构的全差分 VCO（压控振荡器）比较器，它由一个与非门、偶数个反相器和鉴相器构成。在 Clkc 由低电平切换为高电平后，与非门的功能与反相器相同，此时整个环路由奇数个反相器组成总相移为 180° 的闭环。同时，Clkc 的上升沿向后传播，每一个反相器的电流 I_{DS} 均由受输入信号控制的 NMOS 管提供，连同每一级的负载电容 C_L，产生一个与输入信号相对应的延时。当 Clkc 的上升沿传播到鉴相器的输入端时，鉴相器分辨两路时钟信号的相位，并据此产生数字输出。当累积的延时差不足以被鉴相器所识别时，信号将反馈回输入端，重新叠加一次循环的延时差，直到能被鉴相器所识别。

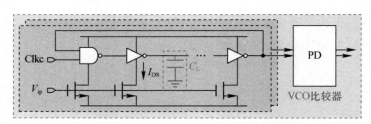

图 4-14　全差分 VCO 比较器的系统架构

图 4-15 展示了一个由 5 级延时单元所组成的 VCO 比较器及其时序图。工作时，首先比较器时钟 Clkc 由低电平变为高电平，导致 VCO 比较器的输出发生跳变。紧接着通过反相器向后传递，当差分 VCO 环路中的时钟信号传递至 X 和 Y 节点时，鉴相器比较两路信号的相位，但是由于两个时钟信号的相位差太小，小于鉴相器的死区，导致鉴相器无法进行比较，此时时钟信号通过首尾相连的反馈环路第 2 次进入与非门，当时钟信号再次循环至节点 X 和 Y 后，其相位差还是未能超过鉴相器的死区，因此进行第 3 次循环，输出大于死区，得

出结果。

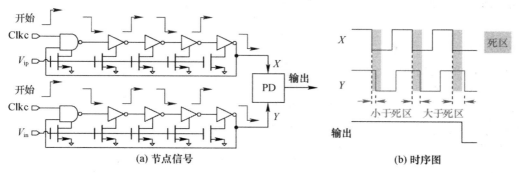

图 4-15　5 级 VCO 比较器及时序图

VCO 比较器在一个振荡周期的延时、增益、噪声和失调与 VCDL 比较器的基本相同，见 4.1.2 节，本节进一步分析在 N 个振荡周期内所产生的变化。

（1）增益

当 VCO 中具有 L 级延时单元，振荡周期为 N 次时，V-T 增益为

$$A_{L\_N} = N \cdot L \cdot A = \frac{N \cdot L \cdot C_{\mathrm{L}} \cdot V_{\mathrm{DD}} \cdot g_{\mathrm{m}}}{2 \cdot I_{\mathrm{DS}}^2} \tag{4-33}$$

式中，A 代表单个延时单元的 V-T 增益。

（2）噪声

当 VCO 中具有 L 级延时单元，振荡周期为 N 次时，总的等效输入噪声标准差为

$$\Delta_{\mathrm{noise}} = \frac{\Delta_{N\cdot\mathrm{cycle,noise}}}{A_{L\_N}} = \frac{1}{\sqrt{N \cdot L \cdot G_{L}}} \cdot \frac{2 \cdot I_{\mathrm{DS}} \cdot \sqrt{\alpha \cdot k \cdot T}}{g_{\mathrm{m}} \cdot V_{\mathrm{DD}}} \tag{4-34}$$

（3）失调

当 VCO 中具有 L 级延时单元，振荡周期为 N 次时，总的等效输入失调电压标准差为

$$\Delta V_{\mathrm{OS},L\_N} = \frac{\Delta t_{\mathrm{d},L\_N}}{A_{L\_N}} = \frac{1}{\sqrt{N \cdot L}} \cdot \Delta V_{\mathrm{OS}} \tag{4-35}$$

4.2　基于 VCO 的模拟-时间-数字转换器[1]

ADC 是片上系统（SoC，System-on-Chip）中常见的组成部分，典型的结构类型有 SAR ADC、流水线 ADC、Σ-Δ ADC 等。随着集成电路的工艺尺寸减小到纳米级，SoC 的电源电压也不断减小，尤其在穿戴式、植入式生物医疗电子方面，低电源电压（$\leqslant 0.5\mathrm{V}$）的设计已非常普遍。在低电源电压下，受限于比较器的比较精度，直接完成对模拟输入电压的量化已十分困难。因此，如何解决供电电压下降带来的挑战成为 ADC 设计的关键。为解决低压 ADC 设计中存在的以上问题，基于模拟-时间-数字转换的 ADC 陆续出现，本书该部分介绍一种基于 VCO 的模拟-时间-数字 ADC（以下简称基于 VCO 的 ADC）。基于 VCO 的 ADC 同时具有面积小和可在低压工作的特点。

4.2.1 模拟-时间-数字转换原理

模拟-时间-数字转换分为模拟-时间（A/T，Analog-to-Time）转换和时间-数字（T/D，Time-to-Digital）转换两个阶段进行：A/T 转换将模拟输入信号转换为相对应的时间信号，到时间域对信号进行处理，是模拟-时间-数字转换的关键环节；T/D 转换是将表征时间差异的信号转换为数字信号。基于 VCO 的 10 位 ADC 系统结构如图 4-16 所示，它由一个时钟发生器、两个基于单端 VCO 的 ADC 和 10 位基于多米诺逻辑的二进制减法器组成。时钟发生器由输入的采样时钟产生二进制减法器、计数器和寄存器的时钟信号。两个基于单端 VCO 的 ADC 匹配在一起，实现全差分输入。

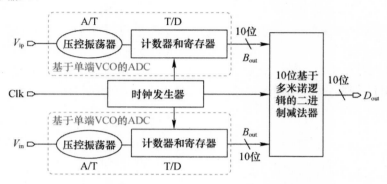

图 4-16　基于 VCO 的 10 位 ADC 系统结构

基于单端 VCO 的 10 位 ADC 系统结构如图 4-17（a）所示，它由一个 VCO、一个 11 位计数器和一个 10 位寄存器组成。VCO 的输入电压 V_{in} 作为整个 ADC 的模拟输入，对其进行采样，在每一个采样周期内，根据 V_{in} 的大小，VCO 产生不同频率的振荡信号 V_{osc}，由于频率和周期呈倒数关系，VCO 在 ADC 中便实现了 A/T 转换，为实现完整的模拟到数字的转换，VCO 输出的振荡信号送至 T/D 转换电路，计数器的输出即相应的数字信号 B_{out}。10 位基于多米诺逻辑的二进制减法器通过对两个 ADC 的输出进行相减来产生最终的数字输出 D_{out}。综上所述，A/T 转换部分主要由 VCO 组成，利用 VCO 输入控制电压与输出脉冲频率之间的关系实现 A/T 转换，T/D 转换主要利用计数器和寄存器来实现。

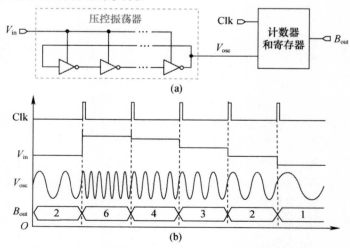

图 4-17　基于单端 VCO 的 10 位 ADC 系统结构及时序图

4.2.2　压控振荡器

不同于环形振荡器，VCO 的频率是可调的，其输出频率由输入电压控制。VCO 的输入电压作为整个 ADC 的模拟输入，在每一个采样周期内，根据控制电压的大小，VCO 产生不同频率的振荡信号。根据巴克豪森（Barkhausen）稳定性准则，环路 VCO 需要满足两个条件，如式（4-36）和式（4-37），才能在频率 ω_0 处振荡，通常至少需要三级反相器来保证振荡器的相位条件。

$$|H(j\omega_0)| \geqslant 1 \qquad (4\text{-}36)$$

$$\angle H(j\omega_0) = 180° \qquad (4\text{-}37)$$

基于 A/T 转换的三级 VCO 如图 4-18 所示，它由一个电流镜和一个三级反相器构成的环形 VCO 组成。模拟输入电压通过由 M_7、M_8 和 M_9 管组成的电流镜转换成电流，而流过反相器的电流随着模拟输入电压 V_{in} 的变化而变化，环形 VCO 输出信号的频率也随着 V_{in} 发生相应的变化，进而实现 A/T 转换。

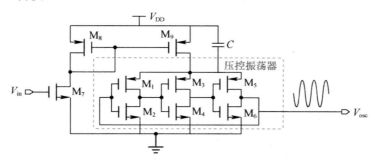

图 4-18　用于 A/T 转换的一种 VCO 电路

单端输入基于 VCO 的 ADC 对噪声比较敏感，导致线性度较差。为了改善线性度，可以采用差分输入的 VCO，因为差分输入 ADC 能够很好地抑制共模干扰。图 4-19 为差分输入结构抑制共模干扰的示意图。如果差分输入 V_{ip} 和 V_{in} 的对称性很好，当外界存在一定的共模干扰时，差分工作方式能够保证干扰同时耦合到两个信号线上，由于差分工作方式只考虑两个信号最终的差值，即 $V_{diff} = V_{ip} - V_{in}$，所以，共模干扰的影响可以通过差分工作方式消除，不会对最终的结果 V_{diff} 产生影响。

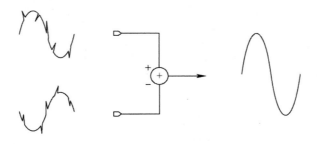

图 4-19　差分输入结构抑制共模干扰的示意图

相对于单端输入结构，差分输入结构具有良好的共模干扰抑制能力，能够降低偶次谐波对 ADC 性能的影响，如图 4-20 所示。

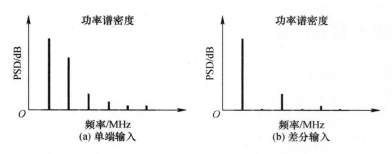

图 4-20　差分结构 ADC 对偶次谐波的抑制

VCO 中输入控制电压 V_{cont} 与输出脉冲频率 ω_{out} 的对应关系如图 4-21 所示。理想 VCO 的输出脉冲频率 ω_{out} 与输入控制电压 V_{cont} 呈线性关系，当 V_{cont} 达到 V_1 时，VCO 开始振荡，产生输出脉冲频率 ω_1。当 V_{cont} 达到 V_2 时，脉冲频率为 ω_2。其中 $\omega_2-\omega_1$ 称为调节范围。然而，在实际的电路设计中，由于 VCO 非理想因素的影响，电压和频率（V/F）特性曲线通常表现出一定的非线性，如图 4-21 所示。影响 VCO 线性度的因素有很多，由于差分输入结构对偶次谐波和共模噪声具有抑制作用，因此与单端输入 VCO 相比，差分输入 VCO 在线性度上可以得到一定程度的改进。

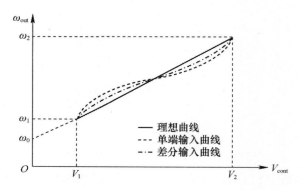

图 4-21　VCO 的线性度分析

图 4-22 显示了 10 位 ADC 中 VCO 的仿真结果，当输入模拟信号范围为 0.44~0.52V 时，VCO 的输出频率范围为 17.3~45.2MHz，在给定输入电压范围内，随着输入电压的升高，整个 VCO 输出波形的频率也随之增加。

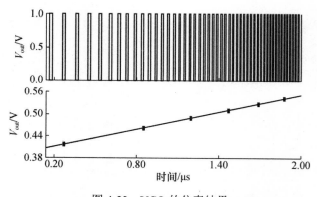

图 4-22　VCO 的仿真结果

4.2.3　计数器和寄存器

T/D 转换通常使用计数器来实现，图 4-23 显示了基于 VCO 的 10 位 ADC 中使用的计数器和寄存器，其中 Clk 是 ADC 的时钟信号，V_T 是环形 VCO 的输出脉冲。考虑到 10 位 ADC 将以 25kS/s 的速度工作，则 VCO 输出脉冲的频率范围至少应大于（25k×1023）Hz，即 VCO 的输出频率范围应至少为 25.6MHz。而所设计的 VCO 输出频率范围为 17.3~45.2MHz，大于 25.6MHz，为了避免 ADC 输出溢出，所以需要使用 11 位的计数器，可面向 51.2MHz 的 VCO 输出频率范围，在 17.3~45.2MHz 范围 ADC 输出无溢出。

在某个采样周期内，计数器的数字输出不断累加，应将一个转换周期结束时所对应的计数器输出作为最终结果。本设计在计数器的输出端连接一个 10 位寄存器来实现以上功能。在第 n+1 个转换周期的时钟信号 Clk 到来之前，寄存器保存计数器的计数结果，得到第 n 个转换周期内的 ADC 输出，完成一次模拟到数字的转换。寄存器完成以上功能后，计数器在时钟信号 Clk 的作用下即刻复位，开始对第 n+1 个转换周期内 VCO 的输出脉冲进行计数，重复以上操作，寄存器会在第 n+1 个转换周期内保存第 n 个转换周期的计数结果，直到下一个周期的时钟信号 Clk 到来。寄存器使每个转换周期内的数字输出能够保持一个转换周期的时间。

如图 4-23 所示，寄存器使用计数器的数字输出 Q_{10}~Q_1 作为输入，以产生最终的 ADC 输出 B_i（i=0,1,…,9）。当时钟信号 Clk 为高电平时，ADC 输出 B_i 跟随输入端 Q_j（j=1,2,…,10）变化；当时钟信号 Clk 为低电平时，B_i 保持时钟信号 Clk 变化之前的状态。其中 Q_{10}~Q_1 为计数器的 10 位数字输出码，B_9~B_0 为 ADC 的 10 位数字输出码。

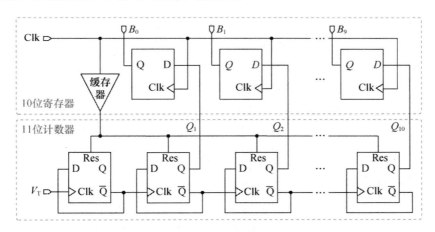

图 4-23　基于 VCO 的 10 位 ADC 中使用的计数器和寄存器

4.2.4　二进制减法器

10 位二进制减法器电路如图 4-24 所示，Clk 为时钟信号，A_i 和 B_i 分别为两个单端输入 ADC 在第 i 位上产生的数字量，并作为第 i 位减法器的输入信号，S_{i-1} 为低位向第 i 位的借位信号，S_i 为第 i 位减法器向高位的借位信号，L_i 为第 i 位减法器的最终输出结果。

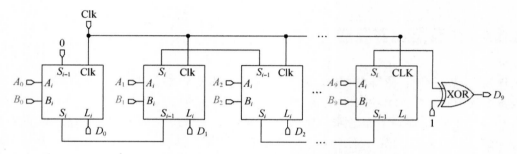

图 4-24　10 位二进制减法器电路

在差分输入 ADC 中，每个单端输入 ADC 的数字输出信号都会随 V_{in} 和 V_{ip} 变化，所以减法器的输入信号 A_i 和 B_i 也是不断变化的，两者相减得到的结果不可避免地会存在负数。但是对于减法器来说，其本身并没有对输出数字量进行正负值识别和校正的能力，所以需要通过电路将输出数字信号处理成正常 ADC 的输出形式。本设计利用异或（XOR）逻辑得到最高位输出 D_9，保证 10 位 ADC 的数字输出全部为正数。

下面利用 3 位减法器来说明对最高位进行处理的方式和必要性，如表 4-1 所示，假设在差模输入电压下，3 位减法器的输出为 D_m，S_m 是 D_m 的二进制数表示形式。D_n 是 D_m 的无符号数表示形式，其对应的二进制数表示为 S_n。通过 S_m 和 S_n 的比较可以发现，两者的差异只是最高位的不同。可以将 S_m 的最高位假设为符号位，其中 "0" 代表输出的数字量为正，"1" 代表输出的数字量为负。通过将 S_m 的最高位输出码与电源电压 V_{DD} 进行 XOR 逻辑处理，可以得到减法器的最终输出 S_n，从而得到全部以正数表示的 D_n。同理，在十进制数的表示形式下，本设计中 10 位 ADC 数字输出量的范围应为 0~1023，所以减法器最高位在未处理之前的数字输出范围为 −512~511。为了保证 ADC 的数字输出码全部为正数，不再取第 10 位减法器的输出作为最高位，而是将第 10 位减法器的借位输出信号 S_9 与电源电压 V_{DD} 进行 XOR 逻辑处理并输出 D_9，作为 10 位减法器的最高位输出，低位输出 S_8~S_0 仍然用相应位上输出的二进制数来表示，如图 4-24 所示。

表 4-1　3 位 ADC 数字输出转换表

D_m	S_m	D_n	S_n
3	011	7	111
2	010	6	110
1	001	5	101
0	000	4	100
−1	111	3	011
−2	110	2	010
−3	101	0	001

1. 传统二进制减法器

传统的一位二进制减法器电路如图 4-25 所示，该电路通过非门和与非门连接构成。整个减法器电路主要分为三部分：部分 I 由两个反相器和三个与非门构成，实现异或逻辑功能。判断输入信号 A_i 和 B_i 是否一致，并输出信号 M，$M=A_i \oplus B_i$，其中 $\oplus$ 代表异或逻辑关系。部分 II 也实现异或逻辑，输入为借位信号 S_{i-1}，和信号 M 通过逻辑组合可以得到减法器的最终输出结果 L_i，满足逻辑关系式 $L_i=S_{i-1} \oplus M$。该减法器的借位信号 S_i 则由部分 III 提供，输入信号 A_i 和 B_i 以及信号 N 通过逻辑组合，共同确定借位信号 S_i。整个电路需要 120 个逻辑门（40 个反相器和 80 个双输入与非门）来实现 10 位减法，所需功耗较高，面积较大。另外，一位传统二进制减法器中不同信号路径之间的延迟不匹配也可能导致输出错误。

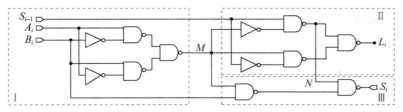

图 4-25　传统的一位二进制减法器电路

2. 基于多米诺逻辑的二进制减法器

为了解决传统一位二进制减法器的缺陷，本设计采用了新型的基于多米诺逻辑的二进制减法器，以减少 MOS 管的使用数量，如图 4-26 所示，该电路是在图 4-25 的基础上改进得到的。该二进制减法器主要由 3 个复合逻辑单元和 4 个非门电路构成，每个复合逻辑单元都包含 4 个 NMOS 管和 4 个 PMOS 管。多米诺逻辑由实现异或逻辑电路（Ⅰ和Ⅱ）和与或非逻辑电路（Ⅲ）组合而成。其中，A_i、B_i 和 S_{i-1} 分别代表减数、被减数和低位向本位的借位信号，L_i 和 S_i 分别代表减数输出和本位向高位的借位。复合逻辑单元Ⅰ的输出信号为 M，满足逻辑关系式 $M=A_i \oplus B_i$。复合逻辑单元Ⅱ的输出信号为 S_i，满足逻辑关系式 $S_i=M \oplus S_{i-1}$。复合逻辑单元Ⅲ的输出信号为 L_i，满足与或非的逻辑关系式 $Lv_i=[(M+Sv_{i-1}) \cdot (A_i+Bv_i)]$，其中 Lv_i 是输出信号 L_i 的反相信号，Sv_{i-1} 是 S_{i-1} 的反相信号，Bv_i 是 B_i 的反相信号。

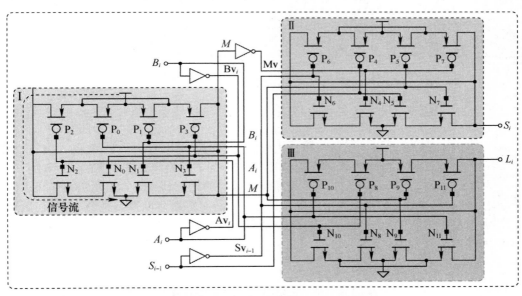

图 4-26　一位基于多米诺逻辑的二进制减法器

将本设计采用的减法器和传统二进制减法器在晶体管数量及功耗等方面进行比较，如表 4-2 所示。本设计采用的减法器，结构简单，包括反相器在内，仅需 32 个 MOS 管即可实现，而且均可采取最小尺寸进行设计，在面积和功耗等方面均有明显改进。在简化电路、减小芯片面积、降低生产成本的同时，减小了功耗，能更好地满足小型化集成电路发展的需要。此外，由于本设计采用的减法器在不同信号路径之间提供了更好的延时匹配，因此可以比传统二进制减法器以更高的数据速率运行。

表 4-3 为本设计减法器的真值表。

	传统二进制减法器	基于多米诺逻辑的二进制减法器
MOS 管数量/个	38	32
电阻数量/个	0	0
功耗	2.1μW	9.3nW

表 4-2　一位不同结构二进制减法器的性能指标

A_i	B_i	L_{i-1}	S_i	L_i
0	0	0	0	0
0	0	1	1	1
0	1	0	1	1
0	1	1	0	1
1	0	0	1	0
1	0	1	0	0
1	1	0	0	0
1	1	1	1	1

表 4-3　基于多米诺逻辑的二进制减法器真值表

4.2.5　设计结果分析

基于 VCO 的 10 位 ADC 采用 0.18μm CMOS 工艺设计，整体版图如图 4-27 所示，ADC 的核心面积较小，为 270μm×100μm，当包括 I/O 时，芯片面积为 920μm×760μm。

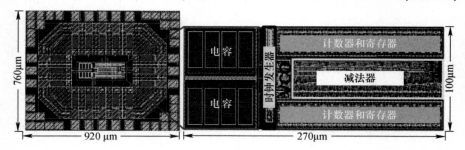

图 4-27 彩图

图 4-27　基于 VCO 的 10 位 ADC 版图设计

该 ADC 包含模拟部分的 A/T 转换电路、数字部分的 T/D 转换电路和减法器电路，将该 ADC 的功耗分为模拟电路和数字电路两部分来分别进行计算，电流仿真结果如图 4-28 所示，该仿真结果是整个瞬态电流仿真输出中的一部分，由电流仿真结果可以看到，VCO 在 ADC 工作期间始终保持在工作状态，VCO 中不断有电流流过并导致 A/T 转换电路的功耗较大，对于 T/D 转换电路，只需要在采样点完成对 A/T 转换电路输出脉冲的量化和编码，虽然在该采样点电流会有较大变化，但总体来说，T/D 转换电路的功耗较小。通过测量可以得到整个 ADC 在电路仿真过程中模拟电路和数字电路部分的平均电流分别为 13.92μA 和 6.27μA，在 1V 的电源电压下工作，ADC 的整体功耗为 20.19μW。

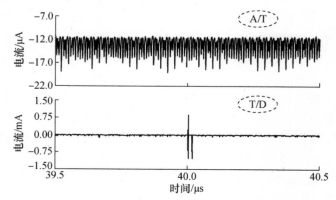

图 4-28　ADC 电路工作电流仿真结果

图 4-29 展示了 ADC 的单调性能仿真结果，曲线是由 10 位全差分 ADC 和一个理想的 DAC 生成的，当这些差分输入电压范围为 0.44～0.52V 时，基于全差分 VCO 的 ADC 具有线性单调输出。

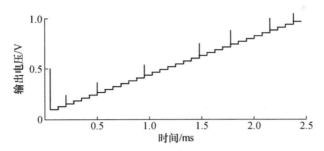

图 4-29　ADC 的单调性能仿真结果

图 4-30 显示了单端和全差分输入 VCO 的 ADC 在 25kS/s 采样率下、1024 个采样点的 FFT 频谱。从图可以看出，偶次谐波明显降低。此外，由于全差分结构改善了线性度，因此功率谱中的噪底比单端结构的低。单端输入 VCO 的 ADC 的 ENOB 和 SFDR 分别为 3.65bit 和 23.7dB。全差分输入 VCO 的 ADC 可以很明显地抑制偶次谐波，特别是 2 次和 4 次的低阶偶次谐波，提高了整个 ADC 的动态性能，ENOB 和 SFDR 分别增加到 9.2bit 和 66dB。表 4-4 总结了全差分输入 VCO 的 ADC 的性能对比。

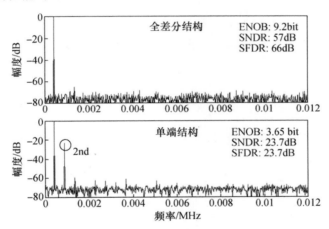

图 4-30　ADC 的 FFT 频谱

表 4-4　全差分输入 VCO 的 ADC 的性能对比

对比项	[2]	[3]	[4]*	[5]*	本设计
工艺/μm	0.13	0.13	0.13	0.18	0.18
电源电压/V	1.2	1.2	1.2	1	1
采样率	500MS/s	600MS/s	100MS/s	100MS/s	25kS/s
ENOB/bit	~10	8.4	7.3	9.1	9.2
功耗	12.6mW	14.3mW	6.78mW	0.56mW	~20μW
面积/mm²	0.078	0.12	—	—	0.027
FoM/(pJ/conversion-step)	1.01	1.04	0.61	0.20	0.39

*仿真结果。

4.3 一种 0.6V 供电的 180nm 低功耗 SAR ADC

4.3.1 电容阵列

低功耗 SAR ADC 中 DAC 大多以电容型 DAC（CDAC）为主，因此，本节将详细介绍 CDAC 的设计思路，从基于电荷守恒的电压切换原理和能耗计算方面入手，详细介绍 SAR ADC 中常用的几种开关时序，并进行非理想因素分析。

1. 能耗分析

图 4-31 展示了电容阵列中的某位电容 C_x 底极板电压切换时对输出电压 V_{out} 的影响，其中电容阵列含有三个电容 C_a、C_b 和 C_x，三个电容的顶极板相接，其电压为输出电压。在阶段 1 中，三个电容底极板分别接不同的电压 V_a、V_b 和 V_x，此时电容阵列顶极板储存的电荷量 Q_1 为

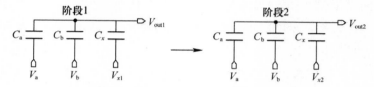

图 4-31　电容底极板电压切换对输出的影响

$$Q_1 = C_a\left(V_{out1} - V_a\right) + C_b\left(V_{out1} - V_b\right) + C_x\left(V_{out1} - V_{x1}\right) \tag{4-38}$$

在阶段 2 中，C_x 的底极板电压由 V_{x1} 变为 V_{x2}，此时电容阵列顶极板储存的电荷量 Q_2 为

$$Q_2 = C_a\left(V_{out2} - V_a\right) + C_b\left(V_{out2} - V_b\right) + C_x\left(V_{out2} - V_{x2}\right) \tag{4-39}$$

根据电荷守恒定律，两个阶段中电容阵列顶极板所储存的电荷量相等，即

$$Q_1 = Q_2 \tag{4-40}$$

将式（4-38）和式（4-39）代入式（4-40），可以得到阶段 2 的顶极板电压值 V_{out2} 和顶极板电压变化差 ΔV，分别为

$$V_{out2} = \frac{C_x}{C_a + C_b + C_x}\left(V_{x2} - V_{x1}\right) + V_{out1} \tag{4-41}$$

$$\Delta V = V_{out2} - V_{out1} = \frac{C_x}{C_a + C_b + C_x}\left(V_{x2} - V_{x1}\right) \tag{4-42}$$

因此，在电容阵列某一位电容的底极板的电压变化 ΔV 时，顶极板的电压变化量为 ΔV 乘以变化电容的电容值与总电容阵列电容值的比值。

下面对 CDAC 切换能耗进行分析。在分析切换能耗时，可以仅分析底极板电压切换后不为 0 的节点，切换能耗计算公式如式（4-43）所示，其中 C_i 代表电容阵列中的第 i 位电容，V_{top} 和 V_{bottom} 分别代表顶极板和底极板电压，T_1 和 T_2 分别是切换前和切换后的时刻。

$$E_{T_1 \to T_2} = \sum_{i=0}^{N-1} C_i V_{ref} \left\{ \left[V_{top}(T_2) - V_{bottom}(T_2) \right] - \left[V_{top}(T_1) - V_{bottom}(T_1) \right] \right\} \tag{4-43}$$

图 4-32 为 3 位电容阵列的最低位电容底极板电压切换示意图，最低位电容底极板电压从阶段 1 时的 V_{ref} 切换到阶段 2 时的 GND，根据式（4-43）可得出 V_{out} 节点的电压变化量为 $-\frac{1}{4} V_{ref}$。

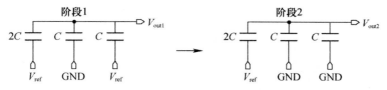

图 4-32　3 位电容阵列切换示意图

根据式（4-43），可以得出在该次切换中消耗的能量 E 为

$$E = 2C \cdot V_{ref} \left[\left(V_{ref} - V_{out2} \right) - \left(V_{ref} - V_{out1} \right) \right] = \frac{C V_{ref}^2}{2} \tag{4-44}$$

2. 主要开关时序原理

（1）传统开关时序[6]

如图 4-33 所示为采用传统开关时序的 3 位实施例对应的切换过程及能耗，其在采样阶段的工作过程为，首先将 P 端和 N 端的电容阵列顶极板均接 V_{cm}，底极板分别接差分输入信号 V_{ip} 和 V_{in}。采样结束后，断开 P 端和 N 端电容阵列顶极板所接电平，将 P 端最高位电容底极板接 GND，其余电容底极板接 V_{ref}，将 N 端最高位电容底极板接 V_{ref}，其余电容底极板接 GND。

以 P 端为例，其顶极板切换前后的电荷量 Q_p 和 $Q_{p,1}$ 分别为

$$Q_p = \left(V_{cm} - V_{ip} \right) \cdot 8C \tag{4-45}$$

$$Q_{p,1} = \left(V_{p,1} - V_{ref} \right) \cdot 4C + \left(V_{p,1} - GND \right) \cdot 4C \tag{4-46}$$

其中，$V_{cm} = V_{ref}/2$，GND=0，根据顶极板电荷守恒，有

$$Q_{p,1} = Q_p \tag{4-47}$$

可得采样结束后 P 端顶极板的电位 $V_{p,1}$ 为

$$V_{p,1} = -V_{ip} + V_{ref} \tag{4-48}$$

N 端的顶极板电压通过电荷守恒计算同理。如果第一次比较 $V_{p,1} > V_{n,1}$，则 MSB=1，否则 MSB=0。当比较器判别 MSB=0 时，SAR 控制逻辑只改变次高位电容的底极板，将 P 端次高位电容底极板切换为 V_{ref}，N 端次高位电容底极板切换为 GND。当比较器判别 MSB=1 时，SAR 控制逻辑同时改变最高位和次高位电容的底极板，将 P 端最高位和次高位电容底极板分别切换为 GND 和 V_{ref}，N 端最高位和次高位电容底极板分别切换为 V_{ref} 和 GND。以 P 端为例，当 MSB=0 时，切换完成后电容阵列顶极板的电荷为

$$Q_{p,2} = \left(V_{p,2} - V_{ref} \right) \cdot \left(4C + 2C \right) + \left(V_{p,2} - 0 \right) \cdot 2C \tag{4-49}$$

根据顶极板电荷守恒，有

$$Q_{p,2} = Q_{p,1} = Q_p \tag{4-50}$$

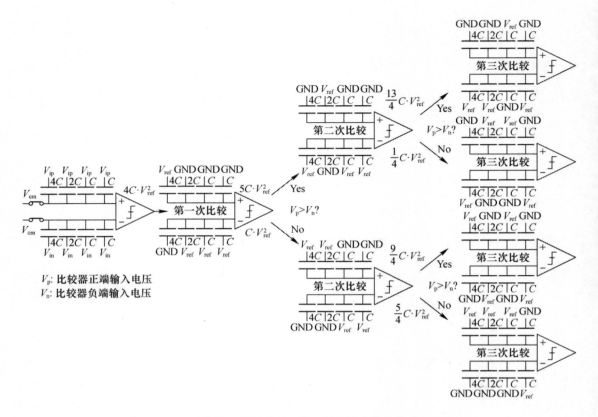

图 4-33 采用传统开关时序的 3 位实施例对应的切换过程及能耗

可得切换完成后 P 端顶极板的电位 $V_{p,2}$ 为

$$V_{p,2} = -V_{ip} + \frac{5}{4}V_{ref} = V_{p,1} + \frac{1}{4}V_{ref} \quad (4\text{-}51)$$

N 端的顶极板电压通过电荷守恒计算同理。比较器开始第二次比较，如果 $V_{p,2}>V_{n,2}$，则第二位数字码为"1"，否则，第二位数字码为"0"。按照上述的步骤循环确定后续的二进制码，直至得到最后一位数字码。其中，第 x 次比较时电容阵列顶极板的电压 $V_{p,x}$ 和 $V_{n,x}$ 可由数学归纳法得到，具体为

$$V_{p,x} = V_{p,1} + \sum_{i=1}^{x-1} \frac{(1-2D_i)}{2^{i+1}} \cdot V_{ref} \quad (4\text{-}52)$$

$$V_{n,x} = V_{n,1} + \sum_{i=1}^{x-1} \frac{(2D_i-1)}{2^{i+1}} \cdot V_{ref} \quad (4\text{-}53)$$

其中，D_i 是第 x 次比较之前每一位所对应的数字码。图 4-33 中标注了每一次电容切换过程中所需要的能耗，均根据式（4-43）推导而来。对于一个 N 位的传统电容开关时序，当每一位输出数字码出现的概率相同时，电容阵列的平均开关功耗可以表示为

$$E_{avg} = \sum_{i=1}^{N-1} 2^{N+1-2i} \left(2^i - 1\right) C V_{ref}^2 \quad (4\text{-}54)$$

传统开关时序中先假设后比较的开关时序容易浪费多余的能量，因此通过先比较再翻转的方式可以得到下文所述高能效的开关时序。

（2）单调开关时序[7]

如图 4-34 所示为采用单调开关（Monotonic）时序的 3 位实施例对应的切换过程及能耗。其在采样阶段的工作过程为，将 P 端和 N 端的电容阵列顶极板分别接 V_{ip} 和 V_{in}，底极板均接 V_{ref}。

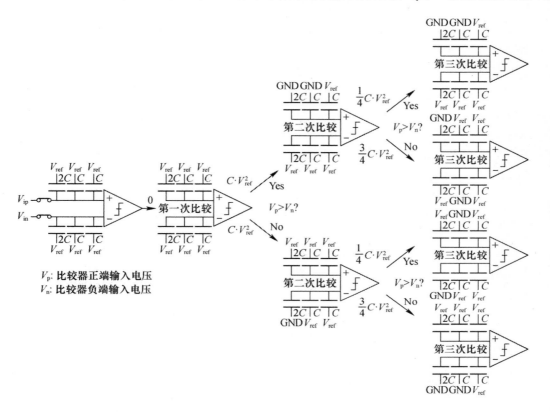

图 4-34 采用单调开关时序的 3 位实施例对应的切换过程及能耗

由电荷守恒可得采样结束后 P 端和 N 端的顶极板电位 $V_{p,1}$ 和 $V_{n,1}$ 分别为

$$V_{p,1} = V_{ip} \tag{4-55}$$

$$V_{n,1} = V_{in} \tag{4-56}$$

若第一次比较 $V_{p,1} > V_{n,1}$，则 MSB=1，否则 MSB=0。当比较器判别 MSB=1 时，SAR 控制逻辑将 P 端最高位电容的底极板切换为 GND，N 端最高位电容底极板不变。当比较器判别 MSB=0 时，SAR 控制逻辑将 N 端最高位电容的底极板切换为 GND，P 端最高位电容底极板不变。当 MSB=0 时，P 端和 N 端切换完成后电容阵列顶极板的电压分别为

$$V_{p,2} = V_{ip} - \frac{1}{2}V_{ref} \tag{4-57}$$

$$V_{n,2} = V_{in} \tag{4-58}$$

比较器开始第二次比较，如果 $V_{p,2} > V_{n,2}$，则第二位数字码为"1"，否则第二位数字码为"0"。按照上述的步骤循环确定后续的二进制码，直至得到最后一位数字码。其中第 x 次比较时电容阵列顶极板的电压 $V_{p,x}$ 和 $V_{n,x}$ 可由数学归纳法得到，具体为

$$V_{p,x} = V_{ip} - \sum_{i=1}^{x-1} \frac{D_i}{2^i} \cdot V_{ref} \tag{4-59}$$

$$V_{n,x} = V_{in} + \sum_{i=1}^{x-1} \frac{D_i - 1}{2^i} \cdot V_{ref} \tag{4-60}$$

对于一个 N 位的单调开关时序来说，当每一位输出数字码出现的概率相同时，电容阵列的平均开关功耗可以表示为

$$E_{avg} = \sum_{i=1}^{N-1} \left(2^{N-2-i}\right) C V_{ref}^2 \tag{4-61}$$

对比式（4-54）和式（4-61），可知单调开关时序的平均开关功耗比传统电容开关时序减小了 81%。但是单调开关时序会使电容阵列上极板电压不断降低，导致比较器差分输入端的共模电压不恒定，从而引入动态失调，导致 ADC 出现非线性。

（3）V_{cm}-based 开关时序[8]

如图 4-35 所示为采用 V_{cm}-based 开关时序的 3 位实施例对应的切换过程及能耗。其在采样阶段的工作过程为，将 P 端和 N 端的电容阵列顶极板分别接 V_{ip} 和 V_{in}，底极板均接 V_{cm}。

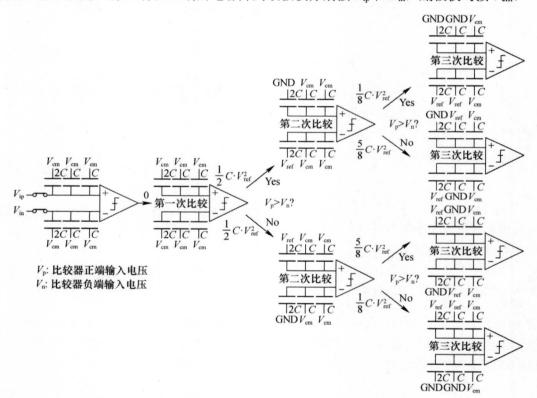

图 4-35　采用 V_{cm}-based 开关时序的 3 位实施例对应的切换过程及能耗

由电荷守恒可得采样结束后 P 端和 N 端的顶极板电位 $V_{p,1}$ 和 $V_{n,1}$ 分别为

$$V_{p,1} = V_{ip} \tag{4-62}$$

$$V_{n,1} = V_{in} \tag{4-63}$$

若第一次比较 $V_{p,1} > V_{n,1}$，则 MSB=1，否则 MSB=0。当比较器判别 MSB=1 时，SAR 控制逻

辑同时将 P 端和 N 端最高位电容的底极板分别切换为 GND 和 V_{ref}。当比较器判别 MSB=0 时，SAR 控制逻辑同时将 P 端和 N 端最高位电容的底极板分别切换为 V_{ref} 和 GND。当 MSB=1 时，P 端和 N 端切换完成后电容阵列顶极板的电压分别为

$$V_{\text{p},2} = V_{\text{p},1} - \frac{1}{2}V_{\text{cm}} \tag{4-64}$$

$$V_{\text{n},2} = V_{\text{n},1} + \frac{1}{2}V_{\text{cm}} \tag{4-65}$$

比较器开始第二次比较，如果 $V_{\text{p},2} > V_{\text{n},2}$，则第二位数字码为"1"，否则第二位数字码为"0"。按照上述的步骤循环确定后续的二进制码，直至得到最后一位数字码。其中第 x 次比较时电容阵列顶极板的电压 $V_{\text{p},x}$ 和 $V_{\text{n},x}$ 可由数学归纳法得到，具体为

$$V_{\text{p},x} = V_{\text{ip}} + \sum_{i=1}^{x-1} \frac{1-2D_i}{2^{i+1}} \cdot V_{\text{ref}} \tag{4-66}$$

$$V_{\text{n},x} = V_{\text{in}} + \sum_{i=1}^{x-1} \frac{2D_i-1}{2^{i+1}} \cdot V_{\text{ref}} \tag{4-67}$$

对于 N 位采用 V_{cm}-based 开关时序的差分 SAR ADC，假设每个数字码出现的概率相同，则平均功耗可表示为

$$E_{\text{avg}} = \sum_{i=1}^{N-1} 2^{N-2-2i}\left(2^i-1\right)CV_{\text{ref}}^2 \tag{4-68}$$

（4）能耗分析

图 4-36 展示了上述三种开关时序在 10 位 ADC 中所有输出数字码能耗趋势的示意图。相对于传统开关时序，V_{cm}-based 开关时序的平均开关功耗减小了 87%，传统开关时序受限于开关时序中"先假设"当前位为"1"的操作，整体能耗曲线对输出数字码呈现为减函数。这是由于当输出数字码越大时，为"1"的高位也就越多，当预置为"1"后并且判断正确，就无须更改，反之预置为"1"后，比较器却输出"0"，需要大量能耗去产生正确的参考电压。单调开关时序和 V_{cm}-based 开关时序采用顶极板采样，在 SAR ADC 采样完成后直接进行比较，根据比较结果翻转电容阵列，省去预置的操作，因此整体能耗曲线呈现对称性。单调开关时序虽然整体功耗大于 V_{cm}-based 开关时序，但是在电容底极板的驱动开关设计上要比 V_{cm}-based 开关时序简单，且 V_{cm}-based 开关时序需要额外的电压基准源 V_{cm}。但 V_{cm}-based 开关时序能保持 CDAC 顶极板电压的共模值恒定，对比较器更为友好。

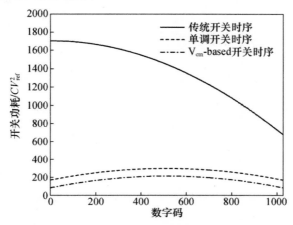

图 4-36　三种开关时序在 10 位 ADC 中所有输出数字码的能耗趋势

（5）非线性分析

由于本设计需要在 0.6V 低压场景中工作，比较器的工作状态会被恶化，若输入电压不能保证较好的共模电压，比较器的性能将会进一步降低，因此采用 V_{cm}-based 开关时序，以保证比较器的共模电压稳定。通过 MATLAB 对采用 V_{cm}-based 开关时序的 10 位 ADC 进行建模，在添加 10% 的电容随机失配基础上，其 DNL 和 INL 如图 4-37 所示。

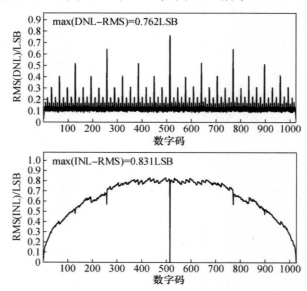

图 4-37　采用 V_{cm}-based 开关时序的 10 位 ADC 线性度仿真（10% 电容随机失配）

3. 单位电容取值

在 SAR ADC 的电容阵列设计中，通常使用多个相同电容值的单位电容并联形成电容阵列。单位电容取值越小，DAC 翻转所需的能量就越小，电容建立的速度就更快，但是单位电容过小会导致在采样时引入较大的热噪声，造成性能恶化，并且过小的单位电容不利于匹配，造成较大的相对失配，因此，在设计电容阵列的单位电容值时应综合考虑上述两个方面。

（1）噪声分析

从 3.1.1 节中可知，虽然采样热噪声由采样开关的导通电阻引起，但是其噪声功率与电阻值没有关系，仅与采样电容值成反比。考虑采样热噪声后，ADC 的信噪比可表示为

$$SNR = 10\lg \frac{\overline{V_{in}^2}}{\overline{V_q^2} + \overline{V_{sample}^2}} \tag{4-69}$$

其中，$\overline{V_{in}^2}$ 代表输入信号能量，$\overline{V_q^2}$ 代表量化噪声能量，$\overline{V_{sample}^2}$ 代表采样热噪声能量。

在设计中，通常要满足热噪声能量小于 1/3 的量化噪声能量，因此有

$$\frac{kT}{2^{N+1}C_u} < \frac{1}{3}\overline{V_q^2} \tag{4-70}$$

（2）失配分析

电容失配是影响单位电容取值的另一个重要因素，匹配性取决于工艺的类型和尺寸，当工艺确定时，单位电容越小，电容间的相对失配就会越大。虽然增大单位电容的面积可以降低一定程度的失配，但会增加总电容的大小，从而导致 SAR ADC 的功耗增加，也会增大时间常数，

使 SAR ADC 的速度降低，所以需要通过电容的失配率来计算单位电容值，从而降低相对失配对电路造成的影响，使其既满足精度上的要求，又不在面积、功耗和速度上造成浪费。假设 CDAC 的单位电容服从均值为 C_u、标准差为 σ_u 的正态分布，第 i 位电容的实际电容值可以表示为

$$C_i = 2^i C_u + \delta_i \tag{4-71}$$

其中，δ_i 是第 i 位电容的电容失配值，它的方差为

$$E[\delta_i^2] = \begin{cases} \sigma_u^2 & (i=0) \\ 2^{i-1}\sigma_u^2 & (i=1,2,\cdots,N) \end{cases} \tag{4-72}$$

DAC 的理想模拟输出电压可以表示为

$$V_{\text{DAC,ideal}} = \frac{\sum\limits_{i=1}^{N} 2^i C_u S_i}{2^N C_u} V_{\text{ref}} \tag{4-73}$$

其中，S_i 是第 i 位的数字码，V_{ref} 是 DAC 的参考电压。联立式（4-71）、式（4-72）和式（4-73），得到实际 DAC 的输出电压为

$$V_{\text{DAC,real}} = \frac{\sum\limits_{i=1}^{N} (2^i C_u + \delta_i) S_i}{2^N C_u} V_{\text{ref}} \tag{4-74}$$

用式（4-74）减去式（4-73）可以得到误差电压为

$$V_{\text{DAC,error}} = V_{\text{DAC,real}} - V_{\text{DAC,ideal}} = \frac{\sum\limits_{i=0}^{N-1} \delta_i S_i}{2^N C_u} V_{\text{ref}} \tag{4-75}$$

电容阵列的非线性误差主要由 DNL 和 INL 表示，DNL 和 INL 分别为

$$\text{DNL} = V_{\text{DAC,error}}(n+1) - V_{\text{DAC,error}}(n) \tag{4-76}$$

$$\text{INL} = V_{\text{DAC,error}}(n) \tag{4-77}$$

因为最差情况出现在每一位数字码都跳变的情况下，也就是数字码从 011⋯1 跳变到 100⋯0 的情况下，此时有最差 DNL 为

$$\begin{aligned} \text{DNL}_{\text{max}} &= V_{\text{DAC,error}}(2^{N-1}) - V_{\text{DAC,error}}(2^{N-1}-1) \\ &= \frac{\delta_N - \sum\limits_{i=1}^{N-1} \delta_i}{2^N C_u} V_{\text{ref}} \end{aligned} \tag{4-78}$$

其方差为

$$E\left\{ \left[V_{\text{DAC,error}}(2^{N-1}) - V_{\text{DAC,error}}(2^{N-1}-1) \right]^2 \right\} = E\left[\left(\frac{\delta_N - \sum\limits_{i=1}^{N-1} \delta_i}{2^N C_u} V_{\text{ref}} \right)^2 \right] \tag{4-79}$$

$$= (2^N - 1)\frac{\sigma_u^2}{C_u^2}\text{LSB}^2$$

可得最差 DNL 的标准差为

$$\sigma_{\text{DNL,max}} = \sqrt{2^N - 1} \frac{\sigma_{\text{u}}}{C_{\text{u}}} \text{LSB} \tag{4-80}$$

最差 INL 发生在 2^{N-1} 处，则有

$$\text{INL}_{\max} = V_{\text{DAC,error}}(2^{N-1}) \tag{4-81}$$

$$E\left[V_{\text{DAC,error}}^2(2^{N-1})\right] = E\left[\left(\frac{\delta_N}{2^N C_{\text{u}}} V_{\text{ref}}\right)^2\right]$$

$$= (2^{N-1}) \frac{\sigma_{\text{u}}^2}{C_{\text{u}}^2} \text{LSB}^2 \tag{4-82}$$

考虑终点归一化，则有

$$E\left[V_{\text{DAC,error}}^2(2^{N-1})\right] = 2^{N-1}(1 - \frac{2^{N-1}}{2^N}) \frac{\sigma_{\text{u}}^2}{C_{\text{u}}^2} \text{LSB}^2$$

$$= 2^{N-2} \frac{\sigma_{\text{u}}^2}{C_{\text{u}}^2} \text{LSB}^2 \tag{4-83}$$

可得最差 INL 的标准差为

$$\sigma_{\text{INL,max}} = \sqrt{2^{N-2}} \frac{\sigma_{\text{u}}}{C_{\text{u}}} \text{LSB} \tag{4-84}$$

在设计上，通常要求最大非线性小于 LSB/2，即

$$3\{\sigma_{\text{DNL,max}}, \sigma_{\text{INL,max}}\} < \frac{1}{2} \text{LSB} \tag{4-85}$$

因此，电容失配需满足

$$\frac{\sigma_{\text{u}}}{C_{\text{u}}} < \frac{1}{3\sqrt{2^N - 1}} \tag{4-86}$$

（3）采样管 R_{on} 取值分析

采样管的导通电阻关系到 DAC 的工作速度和采样精度，具体要求为

$$R_{\text{on}} < \frac{T_{\text{s}}}{C_{\text{DAC}}(N+1)\ln 2} \tag{4-87}$$

其中，R_{on} 是开关管的导通电阻，T_{s} 为采样时间，C_{DAC} 为对应的采样电容值，N 为该 ADC 的精度。它们的值必须满足上式，才能达到所需的采样精度。

4.3.2　逐次逼近逻辑电路

SAR ADC 逻辑电路的工作方式可以分为同步和异步两种。在同步逻辑中，SAR ADC 的所有时钟均由外部提供，每个周期的时间按照设计严格等分；而在异步逻辑中，SAR ADC 所需的比较器时钟和 SAR 逻辑时钟均由内部产生。

1. 同步逻辑

同步逻辑由两排 D 触发器构成，系统结构如图 4-38 所示，N 位 SAR ADC 需要 $2N$ 个 D 触发器。上面一排 D 触发器用于移位操作，下面一排 D 触发器作为寄存器使用，根据上面一排触发器的输出，将比较器的结果 C_{mpp} 存储至下面对应的 D 触发器中。采样前触发复位信号 RST，所有 D 触发器复位，采样结束后在 Clkc 信号的每个上升沿，第一排触发器依次置 1，作为第二排寄存器的时钟信号。第二排寄存器依次存储并输出比较器的比较结果，并将该结果传递到 DAC 的开关阵列，控制开关阵列的切换。

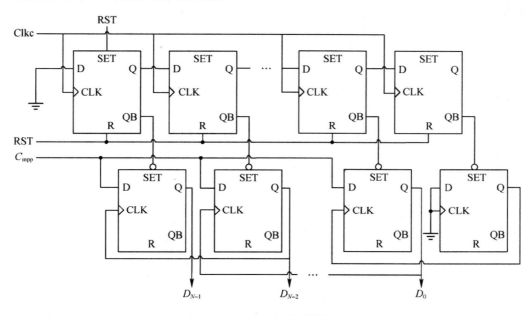

图 4-38　同步逻辑的系统结构

图 4-39 为同步逻辑的工作时序图，采样结束后即 Clks 为低电平时，当比较器时钟 Clkc 变为高电平时，比较器开始比较，t_1 和 t_2 分别是两次比较实际需要的时间，t_c 是一个比较周期的总比较时间。当 Clkc 变为低电平时，比较器的比较结果存储至 SAR 逻辑，并返回一个电平到电容阵列，使 DAC 开关切换，从而使比较器两端的输入电压 V_{DAC} 改变，依次完成后续量化过程。

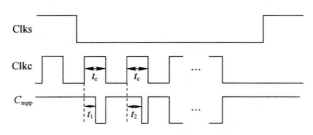

图 4-39　同步逻辑的工作时序图

对于同步逻辑来说，比较器时钟以固定的频率工作，频率的取值需要满足最小 LSB 能够完成比较，因此对于电压差足够大的最高位造成了功耗的浪费，图中 t_c 与 t_1 和 t_2 的差值便体现了比较完成后等待复位时浪费功耗的时间。

2. 异步逻辑

异步逻辑的核心思路是消除同步逻辑的这种浪费，其通过比较器的差分输出来判断比较器的工作状态：若差分输出相同（同为"1"或同为"0"），代表此时比较器并没有得出结果；若差分输出不同（一端为"1"，另一端为"0"），则代表此时比较器已经工作完毕，可以通过异步逻辑对结果进行保存。

异步逻辑的电路结构如图 4-40（a）所示，其仅包含几个门电路和一个延时电路。异步逻辑的工作时序如图 4-40（b）所示，具体工作流程为：在采样期间，各个时钟均处于复位状态，比较器的差分输出 C_{mpp} 与 C_{mpn} 均复位至"1"，并通过与非门后使 Valid 信号置为"1"。当采样时钟 Clks 由"1"变为"0"时，Clks 随即依次通过或非门、与门将 Clkc 置为"1"，共经历 t_1 的延时，使比较器开始工作。紧接着，比较器经过一段时间后得出结果，使 C_{mpp} 与 C_{mpn} 转为一个为"1"、一个为"0"，通过与非门后使 Valid 信号产生下降沿，这代表着比较器已经完成工作，SAR 逻辑根据比较器结果执行相应操作并控制 DAC 的开关切换。Valid 信号在经历延时单元、或非门、与门后共产生 t_2 的延时，再将 Clkc 置为"0"，使比较器又进入复位状态。比较器的复位将持续 t_3 后又将重新工作，循环工作至输出所有数字码。

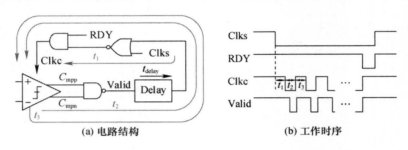

图 4-40　异步逻辑

异步逻辑原理图如图 4-41 所示，N 位 SAR ADC 需要 N 个动态逻辑单元存储数字信号，后一级逻辑单元由前一级触发，实现逐位锁存。图 4-41 中，Valid 信号为完成比较后使异步逻辑工作的触发信号，C_{mpp} 和 C_{mpn} 为比较器的输出，$P_{N-1}...P_0$、$N_{N-1}...N_0$ 与电容开关相连，控制电容阵列底极板的电平切换。

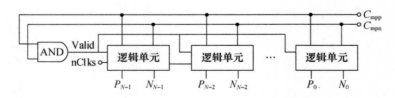

图 4-41　异步逻辑原理图

图 4-42 为异步逻辑单元的电路结构。传统的 SAR ADC 的异步逻辑单元无锁存结构，N 位数字码由 N 个逻辑单元逐位判断得出，但已完成判断的逻辑单元的输出节点在之后的转换过程中一直处于浮空状态，导致寄生电容存储的电荷存在泄漏，使输出节点的电压下降，当采样周期较长时影响较大，可能输出错误的数字码，故本书采用动态锁存逻辑。当 D 的电平为"0"时，M_1、M_6 管导通，Q 被拉低到地电平，M_{15} 管处于断开状态，M_9、M_{12} 管导通，使 V_{outp}、V_{outn} 电压均为 0。当 D 的电平为"1"，且 Valid 信号的上升沿到来时，M_2、M_3、M_4 管导通，再当 Valid 信号的下降沿到来时，M_5 管导通，Q 点的电平被提高至"1"，M_{15} 管导通，M_7 和 M_8 管

中有一个管子导通，通过正反馈将 V_{outp} 和 V_{outn} 锁存，提高了 ADC 的转换精度。

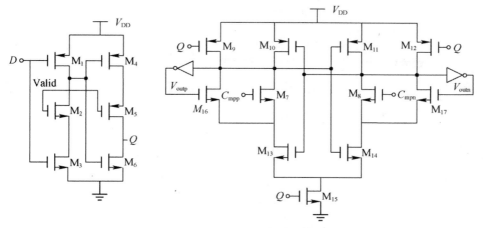

图 4-42　异步逻辑单元的电路结构

从上述异步逻辑的工作流程中可以看出，Clkc 与 Valid 两者的相位差被压缩，并随着比较器的工作时间动态变化。异步逻辑虽然很好地将比较器与 SAR 逻辑进行衔接，但是 CDAC 的建立到比较器的触发却无法较好地处理，这是因为 CDAC 建立完成并没有一个较为明确的逻辑标志，所以只能通过异步逻辑中的延时单元给出一定的延时 t_{delay}，来控制 Clkc 与 Valid 信号的脉宽，优化 CDAC 建立到比较器工作的相位差。一般来说，高位电容的电容值更大，导致高位电容切换时 CDAC 的建立时间远大于低位电容切换时 CDAC 的建立时间，因此在设计中需要精心优化电容底极板的开关阵列，使每一位对应电容切换时 CDAC 的时间常数 RC 接近，从而使每一次循环时 CDAC 建立的时间相当。

4.3.3　新型低功耗时域比较器[9]

1. VCO 级数自适应调节技术

（1）VCO 级数自适应调节技术产生的背景

在 10 位及以上分辨率的 SAR ADC 设计中，较小的 LSB 会导致传统的电压比较器的功耗显著增大，而 VCO 比较器在高精度下具有良好的能耗表现，且其数字化程度高的特点也让其在低压下更好地工作。但是对于传统 VCO 比较器来说，其中包含的延时单元数量都是固定的，也就是单次 VCO 循环中电压-时间（V-T）增益是恒定的，这限制了 VCO 比较器对于不同信号的处理能力。足够多的延时单元就代表着 VCO 单次循环的 V-T 增益较大，同理，足够少的延时单元就代表着 VCO 单次循环的 V-T 增益较小。

当两种结构同时处理一个差距较大的输入信号时，不管延时单元的数量是多还是少，均不需要 VCO 进行第二次循环，鉴相器就可以分辨出两路延时信号的快慢。因为差分输入信号很大，易于分辨。但是对于比较器的速度来说，足够多的延时单元意味着信号从头运行到鉴相器输入需要的时间就更长。可以得出，在处理大信号时，数量少的延时单元更具有速度优势。对于小信号的处理，两种结构的 VCO 均需要多次循环叠加延时差，因为此时模拟输入信号差距较小，多次叠加延时差后，才能被鉴相器识别。具有足够多延时单元的 VCO 环路，产生的时钟信号频率就更慢，因此鉴相器工作的次数就会更少，更利于节省鉴相器的功耗。可以得出，在处理小信号时，足够多的延时单元更具有能效优势。

经过上述分析可以得出，过多或过少的 VCO 级数在处理不同输入信号时都会影响 VCO 比较器的功耗及速度等性能（见表 4-5）。

表 4-5　不同输入信号下 VCO 级数对 VCO 比较器的影响

延时单元数量	输入信号类型	比较器的能效
较多	大信号	鉴相器通过一次比较就可以得出正确结果，但是比较的时间被大量的延时单元延长
	小信号	由于延时单元的数量足够多，V-T 增益差足够大，鉴相器通过较少次比较就可以完成，消耗少的能量
较少	大信号	鉴相器只需要一次比较就能得出正确结果，并且少的延时单元能提供更快的比较时间
	小信号	比较时间上与足够多的延时单元类似，但鉴相器接收到的时钟振荡信号的频率非常快，鉴相器需要不断比较，消耗大量功耗

（2）级数自适应调节技术的原理

固定延时单元数量的 VCO 比较器的性能并不能在任何情况下达到最优，若能够识别当前输入信号的大小，并依次使用更高效的 VCO 环路，VCO 比较器的能效将会提升。因此，本设计目标为：在比较幅值相差很大的输入信号时，减少延时单元的数量，以达到信号快速到达鉴相器并数字化的目的；在比较幅值相差很小的输入信号时，增加延时单元的数量，增大单次循环的 V-T 增益，以达到减少鉴相器工作次数的目的，这样即可兼备量化大信号时的速度优势和量化小信号时的功耗优势。

要达到上述目标，关键在于判断比较器输入信号的范围。幸运的是，在 VCO 比较器的量化过程中，对于输入信号的范围有着固有的粗量化，即幅值越相近、越难以分辨的信号，就需要通过越多次循环来叠加 VCO 环路的 V-T 增益，那么就可以通过记录信号在 VCO 环路中的循环次数来判断信号的范围。循环次数越多的信号，其幅值就越接近，反之同样成立。通过已有分析得出如图 4-43 所示的电路结构，利用振荡周期数（Number of Oscillation Cycles，NOC）去识别输入信号的差异。当 NOC 低于所设定的阈值时，系统判断此时的输入信号为容易分辨的大信号，于是利用前 4 级压控反相器，将输入电压快速转换为时钟沿并数字化输出；反之，当 NOC 超过所设定的阈值时，系统判断此时的输入信号为难以分辨的小信号，将通过开关 S_1 与 S_2 将 VCO 环路组成一个具有 8 级延时单元的大环路，增大单次循环 V-T 增益并减小振荡频率，降低鉴相器的功耗。级数自适应调节 VCO 比较器兼顾在不同类型输入信号下的速度和能耗，进一步优化了 VCO 比较器的整体能效。

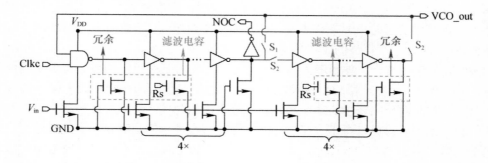

图 4-43　级数自适应调节 VCO 比较器的电路结构

2. VCO 及时复位技术

（1）VCO 及时复位技术产生的背景

图 4-40（a）已经展示了异步逻辑的电路结构，其中 Clkc 的高低电平脉宽主要被延时单元提供的延时决定。然而在低电源电压的应用中，CDAC 的建立时间往往远大于比较器的决策时间，因此需要将延时单元产生的延时设置得很长，才能确保 CDAC 的建立。而延时变长会导致 Clkc 的高电平和低电平都变得很长。对于动态比较器来说，当 Clkc 为高电平时，比较开始并得出正确结果后锁存，之后再也没有任何动作，即使 Clkc 一直为高电平，也不会有额外的功耗产生，可以认为传统的动态比较器为边沿触发。但是对于 VCO 比较器来说，Clkc 一旦变为高电平，VCO 环路便开始振荡，即使花费很少的时间就可以比较出结果，只要 Clkc 一直为高电平，VCO 环路的振荡就不会停止，不断产生功耗，可以认为 VCO 比较器为电平触发。上述问题可以归纳为：为满足低压下 CDAC 足够长的建立时间，需要延时单元来提供延时，延时单元提供的延时同时会让 Clkc 的高电平延长。对于动态比较器，比较相位再长也只会消耗一次比较的功耗，而 VCO 比较器的 VCO 环路会在比较相位不断振荡，持续消耗能量。表 4-6 显示两种类型比较器工作流程的差异。为解决异步时序与 VCO 比较器之间的不兼容，本书介绍一种 VCO 及时复位技术。

表 4-6　两种类型比较器工作流程的差异

动态比较器	VCO 比较器
采样（Clks 为高电平）	
采样结束（Clks 为低电平）	
开始比较（Clkc 为高电平）	
比较完成（Valid 为高电平）	
Clkc 经历延时单元后由高变低，期间动态比较器已经锁存，Clkc 为高电平也不会产生额外功耗	Clkc 经历延时单元后由高变低，期间 VCO 环路会由于 Clkc 为高电平而不断振荡，直到 Clkc 为低电平

图 4-44 展示了同步逻辑、异步逻辑和及时复位异步逻辑下 SAR 逻辑时序的情况。采用 VCO 及时复位技术比传统的异步逻辑能节省较多 VCO 比较器的功耗，而仅需要添加几个逻辑单元。

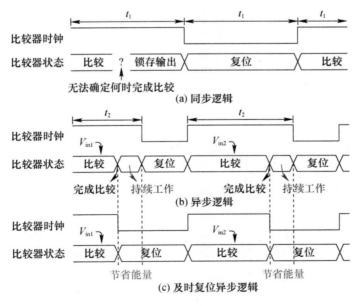

图 4-44　三种 SAR 逻辑时序波形的对比图

（2）VCO 及时复位技术的电路结构

图 4-45 展示了 VCO 及时复位技术及整个 SAR 异步逻辑的结构图。其中，VCO 比较器的结构为本书前面介绍的级数自适应调节 VCO 比较器，不同之处在于，在 VCO 比较器的差分输出后增加两个锁存器，其作用是将比较器的实际输出在环路中隔离，以达到即便复位比较器，Valid 信号也不会影响异步逻辑判断当前进程的状态。换句话说，我们希望通过 Valid 信号的极性改变来判断比较器决策是否结束，并在结束后立刻复位。但是比较器的复位输出又会将 Valid 信号的极性改变，让其重新开始工作。因此，我们用锁存器将比较器的输出暂时存起来，这时复位比较器，Valid 信号并不会改变，而是等待完预先设定的延时后，使锁存器停止锁存，此时比较器的复位输出才能改变 Valid 信号的极性。

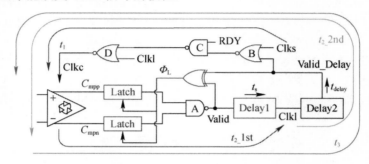

图 4-45　采用 VCO 及时复位技术的 SAR 异步逻辑的结构图[9]

（3）VCO 及时复位技术的工作过程

图 4-46 展示了使用 VCO 及时复位技术的 SAR 异步逻辑中关键信号的变化，下面将对其工作过程进行详细说明。

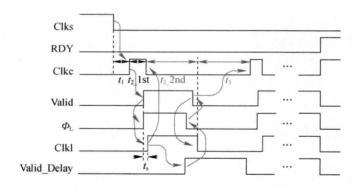

图 4-46　采用 VCO 及时复位技术的 SAR 异步逻辑中关键信号的波形图

① 首先 Clks 下降导致采样结束并开始 MSB 循环，通过几个逻辑门的传递使 Clkc 变为"1"。这一步与传统 SAR 异步逻辑并无差异。

② Clkc 变为"1"让 VCO 比较器开始工作，此时，Φ_L 为"0"，使锁存器相当于导线，比较器的差分输出相当于直接连在与非门 A 的输入上。经历一小段比较器决策延时后，比较器差分输出由都为"1"转变为一个"1"、一个"0"，从而导致 Valid 信号上升为"1"。

③ 在传统 SAR 异步逻辑中，Valid 信号将为 SAR 逻辑提供时钟，因为 Valid 信号的翻转代表着比较器的决策已经结束。但此时，Valid 信号被用于控制锁存器的工作状态。在比较器决策出结果后，Valid 信号通过异或门将 Φ_L 置"1"，控制锁存器将比较器输出锁存。Clkl 被用于 SAR 逻辑时钟，为防止锁存器还未来得及锁存，Delay1 提供的一小段延时，由几个反相器构成。

④ Clkc 经历 Delay2 提供的大量延时后将 Valid_Dealy 信号置"1"，通过异或操作让Φ_L由"1"转变为"0"。

⑤ Φ_L 的变化让两个锁存器执行导线的作用，将早已复位的比较器输出传递至与非门 A 的输入，从而改变 Valid 信号的极性。

⑥ Valid 信号依次经过 Delay1、Delay2、或非门 B、与门 C、或非门 D，将 Clkc 由"0"转变为"1"，比较器重新启动，开启下一轮 SAR 循环。

（4）VCO 及时复位技术的能耗模型

图 4-47 展示了本书所提出的 VCO 及时复位比较器的一个 SAR 循环中的关键模块和电路节点的状态。可以看到，比较器完成决策后立刻复位，同时锁存器将原本比较器的输出保存下来，而不破坏 SAR 循环，消除了比较器额外的无意义的工作，大幅提高了能效。

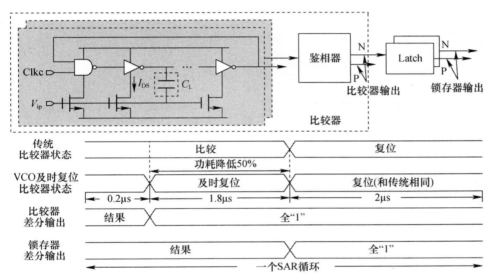

图 4-47　关键模块和电路节点的状态

图 4-48 展示了在 10 位 0.6V SAR ADC 架构下分别采用传统异步逻辑和本书所介绍的 VCO 及时复位异步逻辑所对应的功耗区别。可以看出，采用 VCO 及时复位技术，VCO 比较器的工作时间大量减少，从而节省 69%的功耗，整体 ADC 的功耗节省 37%。

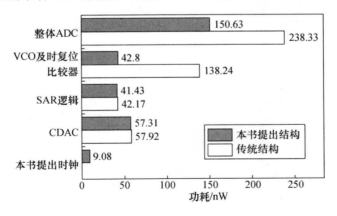

图 4-48　两种异步逻辑对应的电路功耗对比图

4.3.4　设计结果分析

基于时域比较器的 0.6V SAR ADC 版图如图 4-49 所示。首先需要对版图进行 DRC 和 LVS 验证：DRC 检查在版图设计中存在的设计规则问题，例如金属线的最小间距、最小宽度等；LVS 则通过版图的连接关系映射出网表，与原理图进行对比，检查连接关系问题。然后使用 PEX 将版图设计中所产生的寄生电容、电阻提取出来，并对带寄生参数的 ADC 进行仿真。

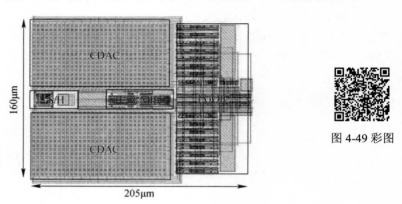

图 4-49 彩图

图 4-49　基于时域比较器的 0.6V SAR ADC 版图设计

图 4-50 展示了该 ADC 后仿真所得到的功耗分布。在未采取任何技术时，VCO 环路所产生的功耗占整体 ADC 功耗的较大比重。通过本书所提出的级数自适应调节 VCO 比较器，ADC 中鉴相器的功耗被减小；当仅采用本书所提出的 VCO 及时复位技术时，VCO 的工作时间大大缩短，因此 VCO 环路的功耗被降低。最后，当同时使用两种技术时，ADC 的功耗优化尤其明显。

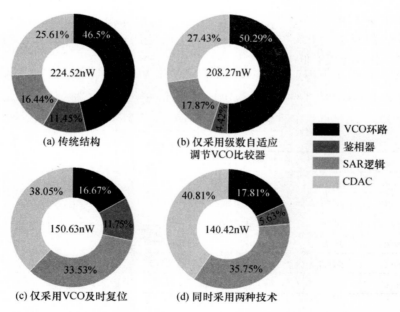

图 4-50　不同情况下的电路功耗对比图

图 4-51 展示了该 ADC 在考虑 100 倍采样带宽内噪声情况下输出的频谱结果，其在低频和高频时 ENOB 分别达到 9.81bit 和 9.77bit。图 4-52 展示了该 ADC 在不同频率的输入信号下 SNDR 及 SFDR 的仿真结果。该 ADC 能够较好地应对输入信号频率在带宽内变化所带来的影响。

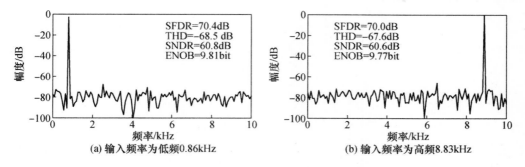

(a) 输入频率为低频0.86kHz　　(b) 输入频率为高频8.83kHz

图 4-51　本书所设计 ADC 的仿真频谱（噪声带宽为 2MHz）

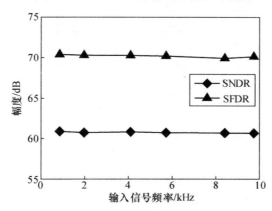

图 4-52　不同输入频率下的仿真结果

表 4-7 展示了该 ADC 在 5 种工艺角、3 种电源电压及 3 种温度的 PVT 条件下考虑噪声的仿真结果。表中大部分 SNDR 均在 60dB 左右，ENOB 能达到 9.6bit 以上。由于该 ADC 增强了电压的驱动电路，因此低温、低电压、SS 工艺角等对 ADC 的影响较小，没有明显的精度损失。并且在低电压下，VCO 比较器的 V-T 增益被提高，使比较器的精度增加，更利于比较。而在高温、高电压及 FF 工艺角下，MOS 管的驱动能力变强，导致 VCO 环路的振荡频率加快，使鉴相器的精度需求提高，ADC 性能有一定程度的降低。

表 4-7　本书所设计 ADC 在不同 PVT 条件下的仿真结果（SNDR/dB，噪声带宽为 2MHz）

工艺角	0.55V			0.6V			0.65V		
	−40℃	25℃	80℃	−40℃	25℃	80℃	−40℃	25℃	80℃
TT	60.15	60.10	58.79	60.29	60.61	58.28	60.37	60.43	57.85
SS	59.82	60.32	59.86	59.97	60.57	59.73	60.09	60.19	59.52
FF	60.03	55.81	55.03	59.88	56.25	54.20	59.91	55.49	54.82
SF	60.11	56.77	56.79	60.02	57.84	56.16	59.80	56.38	56.07
FS	60.09	56.20	56.58	59.94	57.71	56.43	59.63	56.13	56.50

表 4-8 总结了目前典型成果的性能与本设计的对比。从表中可以看出，文献[10]实现了超低电压的 SAR ADC，尽管其具有更小的面积，但这也得益于更先进的工艺。文献[11]同样采用

VCO 比较器，其硬件精度高于本设计，其工艺同样更先进。文献[12-14]与本设计采用相同的工艺，但本设计的面积、功耗及转换效率均更具优势。

表 4-8　本设计与已有工作对比

对比项	[10] JSSC'19	[11] VLSI'21	[12] TCAS-II'22	[13] TCAS-I'18	[14] TCAS-I'20	本书工作
工艺/nm	40	65	180	180	180	**180**
电源电压/V	0.5	0.85	0.8	1.5	0.7	**0.6**
分辨率/位	10	13	12	12	12	**10**
采样率	20kS/s	1MS/s	20kS/s	40kS/s	100kS/s	**20kS/s**
面积/mm²	0.00975	0.027	0.23	0.095	0.1	**0.047**
SNDR/dB	54.56	66.4	65.21	68.04	57.14	**60.61**
SFDR/dB	71.3	85.2	85.4	70.05	64.87	**70.05**
功耗	21nW	45μW	647nW	2.3μW	1.5μW	**140.42nW**
FoM/(fJ/conversion-step)	2.4	33	22	28	16.6	**8.04**

参 考 文 献

[1]　X. Tong, J. Wang. A 1V 10bit 25kS/s VCO-based ADC for implantable neural recording. IEEE Biomedical Circuits and Systems Conference (BioCAS). 2017，1-4.

[2]　J. Kim，T. Jang，Y. Yoon，et al. Analysis and design of Voltage controlled oscillator based analog-to-digital converter. IEEE Transactions on Circuits and Systems I: Regular Papers. 2010，57(1): 18-30.

[3]　T. Jang，J. Kim，Y. Yoon，et al. A Highly-Digital VCO-Based Analog-to-Digital Converter Using Phase Interpolator and Digital Calibration. IEEE Transactions on Very Large Scale Integration (VLSI) Systems. 2012，20(8): 1368-1372.

[4]　E. Waleed，D. Mohammed, E. Hassan. A programmable 8bit，10MHz BW，6.8mW，200MS/s，70dB SNDRVCO-based ADC using SC feedback for VCO linearization. IEEE 20th International Conference on Electronics，Circuits，and Systems (ICECS). 2013，157-160.

[5]　Y. Yoon，M. Cho, S. Cho. A linearization technique forVoltage-controlled oscillator-based ADC. International SoC Design Conference (ISOCC). 2009，317-320.

[6]　R. Suarez，P. Gray, D. Hodges. An all-MOS charge-redistribution A/D conversion technique. IEEE International Solid-State Circuits Conference. 1974，194-195.

[7]　C. Liu，S. Chang，G. Huang，et al. A 10bit 50MS/s SAR ADC with a monotonic capacitor switching procedure. IEEE Journal of Solid-State Circuits. 2010，45(4): 731-740.

[8]　Y. Zhu，C. Chan，U. Chio，et al. A 10bit 100MS/s Reference-Free SAR ADC in 90nm CMOS. IEEE Journal of Solid-State Circuits. 2010，45(6): 1111-1121.

[9]　X. Tong，Y. Hu，X. Xin，et al. A 11.42-ENOB 6.02 fJ/conversion-step SAR-assisted digital-slope ADC with a reset-in-time VCO-based comparator for power reduction. International Journal of Electronics and Communications. 2022，155: 154362.

[10]　Z. Ding，X. Zhou, Q. Li. A 0.5-1.1V Adaptive Bypassing SAR ADC Utilizing the Oscillation- Cycle Information of a VCO-Based Comparator. IEEE Journal of Solid-State Circuits. 2019，54(4): 968-977.

[11] K. Yoshioka.VCO-Based Comparator: A Fully Adaptive Noise Scaling Comparator for High-Precision and Low-Power SAR ADCs. IEEE Transactions on Very Large Scale Integration (VLSI) Systems. 2021，29(12): 2143-2152.

[12] X. Zhou，X. Gui，M. Gusev，et al. A 12bit 20kS/s 640nW SAR ADC with a VCDL-Based Open-Loop Time-Domain Comparator. IEEE Transactions on Circuits and Systems II: Express Briefs. 2022，69(2): 359-363.

[13] M. Seo，D. Jin，Y. Kim，et al. A 18.5nW 12bit 1kS/s Reset-Energy Saving SAR ADC for Bio-Signal Acquisition in 0.18μm CMOS. IEEE Transactions on Circuits and Systems I: Regular Papers. 2018，65(11): 3617-3627.

[14] Y. Chung，Q. Zeng, Y. Lin. A 12bit SAR ADC with a DAC-Configurable Window Switching Scheme. IEEE Transactions on Circuits and Systems I: Regular Papers. 2020，67(2): 358-368.

第5章 高能效混合架构 ADC

5.1 一种 12 位 0.6V 逐次逼近斜坡 ADC[1]

5.1.1 系统结构

SAR ADC 具有低功耗和结构简单等特点，并能在中低精度应用中实现较高的转换能效，因此用作高位的粗量化器具有优势。数字斜坡 ADC 利用延时线和开关电容电路代替了双斜坡 ADC 中的积分器，在不需要校准的情况下可实现高能效和低噪声，因此数字斜坡 ADC 更适合作为低位、低噪声的细量化器。逐次逼近斜坡 ADC 不仅利用了 SAR ADC 在中高精度下的优势，同时又避免了过高位数的斜坡 ADC 带来大的硬件资源消耗。

图 5-1 所示为传统逐次逼近斜坡 ADC 的结构。传统逐次逼近斜坡 ADC 在 SAR ADC 量化结束后，余量电压相对于参考电压 V_{ref} 的极性可正可负，但数字斜坡的方向已经被电路的硬件设计所决定，因此在量化进程开始前需要电平转换（Level Shifter）模块的电容翻转保证余量电压大于 V_{ref}，接着数字斜坡利用延时线，每经过一个延时单元让余量电压下降 1LSB，直到低于 V_{ref}。由于低压下连续时间比较器（CT-CMP，Continuous-Time Comparator）的决策速度过慢，因此在 V_{in} 小于 V_{ref} 后比较器并不会立刻反转，需要等待比较器决策的延时后才会发生翻转，这种现象在低压场景中会被进一步恶化。现有 SAR 辅助数字斜坡 ADC 只是直接将两种 ADC 的电容阵列顶极板相连，一方面整体 ADC 面积没有优化，另一方面，数字斜坡 ADC 中的 CT-CMP 在低压下需要消耗更多的功耗才能满足相当精度和速度的要求，导致现有逐次逼近斜坡 ADC 在面积和能效方面并未呈现出明显优势。

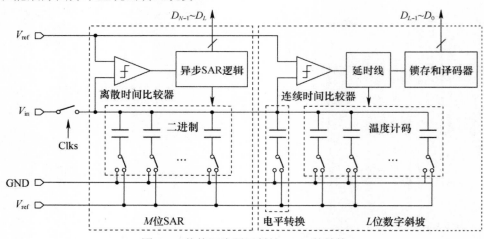

图 5-1　传统逐次逼近斜坡 ADC 的结构

本设计提出的 12 位逐次逼近斜坡 ADC 的结构如图 5-2 所示，它由一个 8 位 SAR ADC 和一个 4 位数字斜坡 ADC 组成。SAR ADC 采用 V_{cm}-based 开关时序，总电容是传统开关时序的一半。本书提出了一种具有及时复位技术的 VCO-based 比较器（见 4.3.3 节），仅增加了简单的数字逻辑，即实现了决策完成后的 VCO 快速复位，避免了因 VCO 持续振荡而浪费功耗，并且提出的及时复位技术与 SAR ADC 传统异步逻辑完全兼容。同时提出延时单元复用技术，将细量化数字斜坡 ADC 延时线的延时单元与粗量化 SAR ADC 中 VCO 比较器的压控延时单元复用，在一定程度上减小了 ADC 芯片面积。

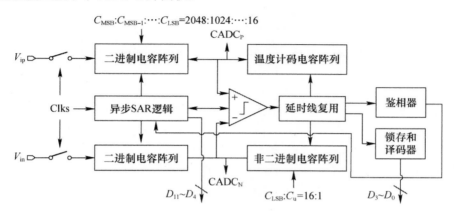

图 5-2　12 位逐次逼近斜坡 ADC 的结构

5.1.2　压控延时单元复用技术

压控延时单元复用的结构如图 5-3 所示，即图 5-2 中延时线复用模块的详细结构。SAR ADC 中 VCO 比较器的压控延时线可以被用作数字斜坡量化，细量化部分不需要额外的延时线。

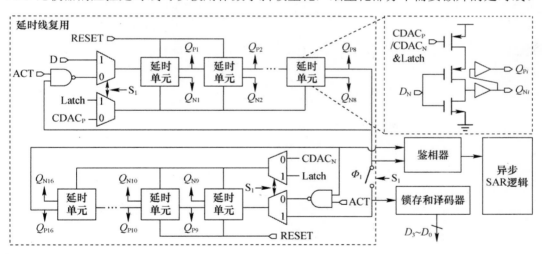

图 5-3　压控延时单元复用的结构

采样是整个 ADC 转换周期的开始，然后 SAR ADC 进行粗量化。异步 SAR 逻辑将 S_1 设置为低电平，延时线中的两个数据选择器都选择 0，数据选择器将与非门的输出连接到延时线，并使 $CDAC_P$ 和 $CDAC_N$ 控制每一个延时单元中的限流晶体管。S_1 同时打开了开关 Φ_1，将整个延时线分成两个 VCO 环，并与鉴相器一起组成一个 VCO 比较器。随即开始 SAR ADC 量化进程，量化占整个周期的 70%，当 SAR ADC 产生粗量化的最后一位时，CDAC 顶极板上的电压是粗量化产生的残余电压，异步 SAR 逻辑将 S_1 变为高电平，从而通过开关 Φ_1 将两部分延时单元组合成一个，以形成数字斜坡所需的延时线，然后，将信号 Q_{Ni} 和 Q_{Pi} 复位，异步 SAR 逻辑给出 D 信号来控制电平移位电容翻转，以确保在数字斜坡量化开始前 CDAC$_P$ 大于 CDAC$_N$，D 信号同时发送到延时线的首部并开始向后传输，通过延时单元和开关电容进行数字细量化，在 CT-CMP 改变输出极性之后，停止延迟链路的传输，此时 D 信号经过的延时单元数量即低位量化产生的温度计码，编码后与高位组合形成数字输出。

  延时单元用作 VCO 比较器时，延时线中每个延时单元的输出节点 Q_{Ni} 在比较器工作时都处于不断振荡的状态，由于复用了延时线，每个延时单元的输出都与单位电容底极板相连，因此振荡会通过单位电容耦合到 CDAC 的顶极板，造成如图 5-4（a）所示的现象，在比较的信号幅值相近时，造成比较器的误判。考虑将每个延时单元的输出并不直接与单位电容底极板相接，而是通过一个开关 S_1 相连，如图 5-5 所示。在 SAR 循环阶段，S_1 断开以防止出现图 5-4（a）的问题，在数字斜坡量化阶段闭合开关。图 5-4（b）为消除振荡后的 SAR 量化仿真结果，可以看出，当差分输入电压较小时，SAR 粗量化是正确的。图 5-5 也展示了在数字斜坡量化阶段，通过时域插值的方式减少了数字斜坡部分中一倍的单位电容，同时，数字斜坡阶梯下降的延时增加 1 倍，可以留给 CT-CMP 更多的决策时间。

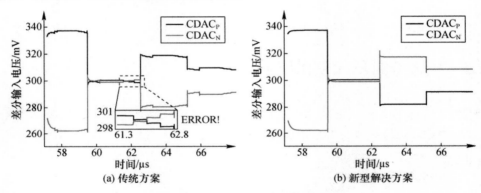

图 5-4 复用延时线的比较结果

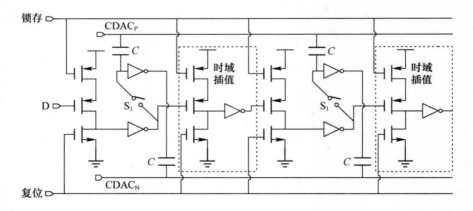

图 5-5 避免振荡所采用的开关结构

5.1.3 设计结果分析

12 位逐次逼近斜坡 ADC 在 1P6M 0.18μm CMOS 工艺下设计，整体版图如图 5-6 所示，有效面积为 0.092mm², 其中 S/H 为采样开关、PD 为鉴相器、CT-CMP 为连续时间比较器、CDAC 为电容阵列、Switch 为电容开关、SAR Logic 为 SAR 逻辑电路、Decoder 为译码器, Reused Delay Line 为复用延时线, 位于整体版图右侧, 既满足比较器的对称设计, 又便于和电容阵列连接。在提取寄生电容的情况下, 仿真结果显示, 在采样率为 20kS/s、0.6V 电源下, ADC 的功耗为 330nW。

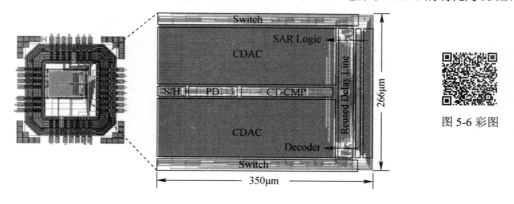

图 5-6　本设计 ADC 的整体版图

功耗构成如图 5-7 (a) 所示, 复用延时线即使需要在粗量化和细量化中工作, 也只占整个 ADC 功耗的 27.7%; 图 5-7 (b) 显示了 ADC 的噪声分布, CT-CMP 的噪声在低电源下占主导地位。

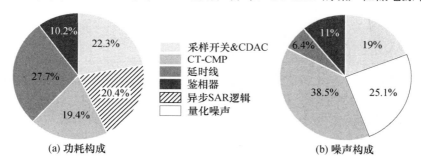

图 5-7　本设计 ADC 的功耗和噪声构成

图 5-8 (a) 和 (b) 分别为输入频率在 0.09kHz 与 9.74kHz 时的 FFT 频谱图。在输入频率为 0.09kHz 时, 测得的 SNDR 和 SFDR 分别为 71.25dB 与 76.74dB; 当输入频率上升到 9.74kHz 时, 测得的 SNDR 和 SFDR 分别为 70.53dB 与 75.06dB。

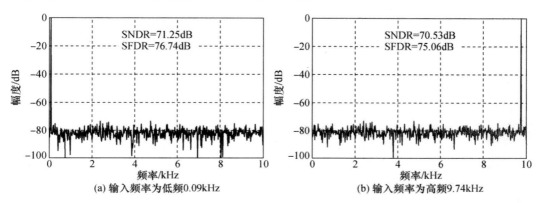

图 5-8　本设计 ADC 的 FFT 频谱图

图 5-9（a）和（b）分别显示了动态性能随输入信号幅度和输入信号频率的关系。在不同输入信号幅度的情况下，幅度越小，其 SNDR 和 SFDR 越低；在不同频率下，该设计的 SNDR 和 SFDR 基本稳定。表 5-1 显示了所设计 SAR ADC 在不同 PVT 条件下的仿真结果。

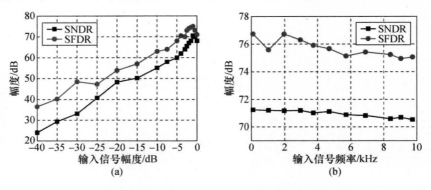

图 5-9　动态性能与输入信号幅度和频率的关系

表 5-1　本设计 ADC 在不同 PVT 条件下的仿真结果（SNDR/dB）

工艺角	0.54V			0.6V			0.66V		
	−40℃	25℃	85℃	−40℃	25℃	85℃	−40℃	25℃	85℃
TT	66.83	69.21	68.10	67.54	70.53	68.34	68.16	70.93	68.90
SS	63.15	68.15	66.47	64.92	68.37	66.41	66.47	68.52	67.12
FF	64.82	69.91	66.27	68.25	70.21	67.23	68.53	70.83	69.42
SF	64.30	69.11	65.92	67.98	69.20	67.47	67.92	69.13	67.83
FS	64.11	68.21	65.32	66.30	68.76	67.95	67.43	68.84	67.50

表 5-2 总结了本设计 ADC 与已有工作的比较。文献[2-4]是在高速领域中应用的 SAR 辅助数字斜坡 ADC。由于 VCO 比较器与低电源电压的兼容性，文献[5]实现了超低电源电压 SAR ADC。文献[6]采用的技术、分辨率和采样率与本设计相同，但其面积和功耗是本设计的 2 倍。文献[7]采用两步数字斜坡 ADC 实现高速和节能，然而它的面积比本设计略大。本设计以非先进工艺实现了较领先的性能，解决了低压 SAR 辅助数字斜坡 ADC 的设计难点问题。

表 5-2　本设计 ADC 与已有工作对比

对比项	[2] JSSC'16	[3] ISCAC'19	[4] VLSI'19	[5] JSSC'19	[6] TCAS-Ⅱ'18	[7] TCAS-Ⅰ'20	本设计
工艺/nm	28	28	180	40	180	65	**180**
架构	SAR-DS	SAR-DS	SAR-SS	SAR-VCO	SAR-VCDL	DS	**SAR-DS**
电源电压/V	0.9	1.0	—	0.5	0.8	1.2	**0.6**
分辨率/位	12	13	10	10	12	10.7	**12**
采样率	100MS/s	500MS/s	30MS/s	20kS/s	20kS/s	300MS/s	**20kS/s**
面积/mm²	0.0047	—	0.023	0.00975	0.23	0.095	**0.092**
DNL$_{max}$/LSB	0.53	—	—	0.39	0.49	0.84	—
INL$_{max}$/LSB	0.83	—	—	0.44	0.47	0.54	—
SNDR/dB	64.4	63.74	49.8	54.56	65.2	60.72	**70.53**
SFDR/dB	75.42	74.42	—	71.3	85.4	70.05	**75.06**
功耗	0.36mW	2.4mW	1.54mW	21nW	647nW	6.2mW	**330nW**
FoM/(fJ/conversion-step)	2.6	3.83	203	2.4	22	23.3	**6.02**
校准	是	否	否	否	否	是	**否**

5.2　一种 1V 噪声整形 SAR ADC

5.2.1　系统结构

图 5-10 为本书介绍的一阶噪声整形（NS，Noise Shaping）SAR ADC 的结构，为了简单起见，仅介绍单端结构的 NS SAR ADC。在 SAR ADC 的 DAC 阵列中，本设计采用了一种新提出的时序，在 5.2.2 节中会详细进行介绍。当 SAR ADC 量化时，开关 Φ_{NS0} 闭合，将余量采集电容 C_1 上的电压清零。当量化完成后，开关 Φ_{NS0} 断开，Φ_{NS1} 闭合，噪声整形模块开始工作，电容 C_1 和 C_{DAC} 进行电荷共享以获取冗余电压 V_{res}，然后开关 Φ_{NS2} 闭合，电容 C_1 和 C_2 进行电荷共享从而实现无源积分过程，此时 C_2 上的电压记为 V_{int}，该电压在下一周期随着输入信号一同被送入比较器的输入端，参与下一个周期的比较。Φ_S 为采样开关，Φ_C 为比较器工作开关。

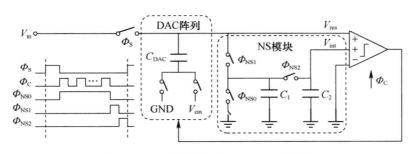

图 5-10　一阶噪声整形 SAR ADC 的结构

5.2.2　新型双电容合并-拆分电容阵列开关时序

1. 工作原理

下面介绍本书提出的双电容合并-拆分电容阵列（DCMS，Dual Capacitor Merge and Split）开关方案，如图 5-11 所示，简单起见，仅介绍 $V_{ip} > V_{in}$ 的情况。

DCMS 开关方案的采样过程可以分为两个阶段。第一阶段，采样开关 S_{p1}/S_{n1}、S_{p0}/S_{n0} 闭合，连接开关 S_{p2}/S_{n2} 断开，输入信号被采样至 P 端 LSB 阵列和 N 端 MSB 阵列，与此同时，其他电容的上极板连接基准电压 V_{cm}。第二阶段，采样开关 S_{p1}/S_{n1}、S_{p0}/S_{n0} 断开，连接开关 S_{p2}/S_{n2} 闭合，输入信号幅度减半。在转换过程，MSB 可以直接被确定为 1，且不耗能。通过合并 P 端和 N 端 MSB 电容阵列的底极板，P 端电容阵列和 N 端电容阵列的电压变化幅度相同，极性相反，因此共模电压保持恒定，通过这种方式，就可以确定次高位（第二位）。如果次高位为 1，则 P 端和 N 端 MSB 阵列中对应电容的底极板断开并切换至 GND 和 V_{cm}，否则，将 P 端和 N 端 LSB 阵列中对应电容的底极板合并，来确定第三位数字码。由于采用顶极板采样，该开关方案实现了 50% 的面积节省。

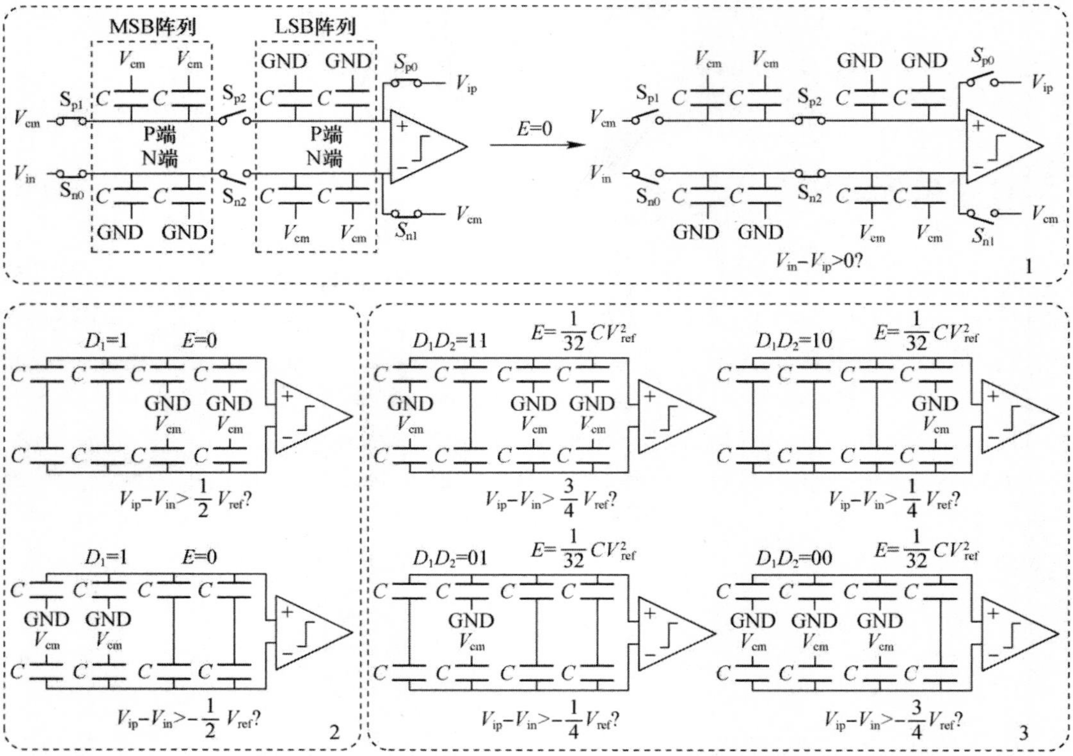

图 5-11　本设计提出的 3 位实施例对应的切换过程及能耗

2. 能耗与线性度

图 5-12 是 DCMS 开关方案和其他开关方案的平均转换能耗的对比。DCMS 开关方案的平均转换能耗仅为 $10.6\,CV_{ref}^2$，与传统的开关方案相比，实现了 99.22%的平均转换能耗节省。

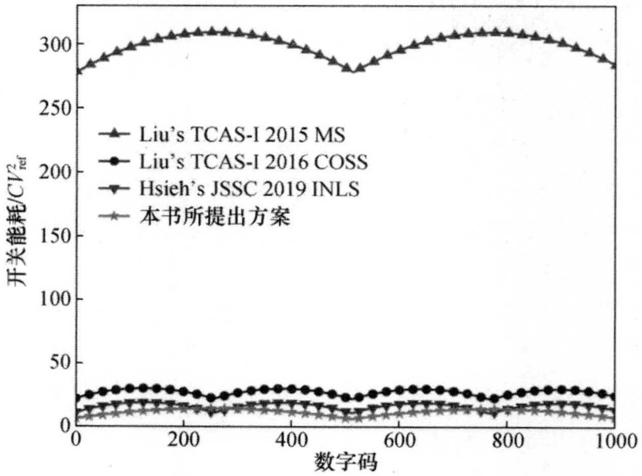

图 5-12　转换能耗和数字码的关系

寄生电容会对转换能耗产生额外的影响，如图 5-13 所示，当 MSB 阵列的最高位电容底极板从合并状态拆分为 GND 和 V_{cm} 时，理想情况下的转换能耗为

$$E_{\text{ideal}} = V_{\text{cm}} C \left(\frac{1}{2} V_{\text{cm}} - \frac{1}{8} V_{\text{cm}} \right) + V_{\text{cm}} 2C \left(0 - \frac{1}{8} V_{\text{cm}} \right) = \frac{1}{32} C V_{\text{ref}}^2 \qquad (5\text{-}1)$$

由于寄生电容的存在，实际的转换能耗为

$$E_{\text{real}} = V_{\text{cm}} C \left[\frac{1}{2} V_{\text{cm}} - \left(V_{B1} - V_{A1} \right) \right] + 2 V_{\text{cm}} C \left(V_{A1} - V_{B1} \right) \qquad (5\text{-}2)$$

$$V_{B1} = V_{A1} + \frac{C}{4C + C_{\text{pt}}} \times \frac{1}{2} V_{\text{cm}} \qquad (5\text{-}3)$$

其中，V_{A1} 和 V_{B1} 见图 5-13 所示，将式（5-3）代入式（5-2）可得

$$E_{\text{real}} = \frac{1}{2} V_{\text{cm}}^2 C - \frac{3}{2} V_{\text{cm}}^2 \frac{C^2}{4C + C_{\text{pt}}} + \frac{1}{2} C_{\text{pb}} V_{\text{cm}}^2 \qquad (5\text{-}4)$$

其中，C、C_{pt}、C_{pb} 分别代表单位电容、顶极板总寄生电容和对应电容的底极板对地寄生电容。

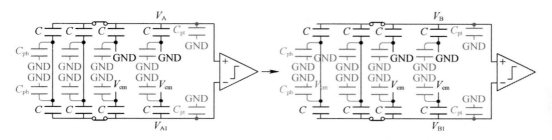

图 5-13　包含寄生电容的转换示意图

比较式（5-1）和式（5-4）可知，转换能耗受寄生电容的影响，顶极板寄生电容在向下转换过程中会减小转换能耗，向上转换过程中会增加转换能耗。此外，底极板的寄生电容在充电过程中也会消耗能量。假设 $C_{\text{pt}} = 10\% C_{\text{tot}}$（$C_{\text{tot}}$ 为总电容）和 $C_{\text{pb}} = 15\% C$，在 MATLAB 中对 DCMS 开关方案及现有其他开关方案的转换能耗进行了行为级仿真，如图 5-14 所示，DCMS 开关方案的平均转换能耗为 $13.4 C V_{\text{ref}}^2$，实现了 99.21% 的平均转换能耗节省。

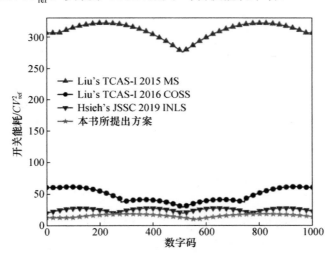

图 5-14　考虑寄生电容时转换能耗和数字码的关系

DAC 阵列的线性度与开关方案的切换过程和电容失配有关，但其主要由电容失配决定。为

了提高能效和 ADC 的速度，单位电容应尽可能小，然而电容失配限制了单位电容的尺寸，因此单位电容的选取应折中能耗、速度和线性度。图 5-15 给出了单位电容失配为 1% 时，DCMS 开关方案的线性度仿真结果，DNL 和 INL 分别为 0.165LSB 和 0.191LSB，分别减小为单调开关方案的 0.7 和 0.86。

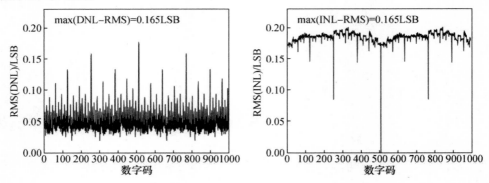

图 5-15 DCMS 开关方案的线性度仿真

5.2.3 噪声整形模块

图 5-16 给出了理想情况下一阶无源 NS SAR ADC 的信号流程图，其中 k 为比较器增益系数。对照图 5-10 进行分析，$a=C_1/(C_1+C_{\mathrm{DAC}})$ 且 $C_2=C_{\mathrm{DAC}}$，当开关 Φ_{NS1} 闭合，C_1 采样到的余量电压为

$$V_{\mathrm{res1}}\left(z\right)=(1-a)\cdot V_{\mathrm{res}}\left(z\right) \tag{5-5}$$

当开关 Φ_{NS2} 闭合时，经过无源积分，可以得到该周期的积分电压 $V_{\mathrm{int}}(z)$ 为

$$V_{\mathrm{int}}\left(z\right)=\frac{a\left(1-a\right)}{1-(1-a)z^{-1}}V_{\mathrm{res}}\left(z\right) \tag{5-6}$$

由图 5-16 可得

$$H\left(z\right)=\frac{V_{\mathrm{int}}\left(z\right)}{V_{\mathrm{res}}\left(z\right)}\cdot kz^{-1} \tag{5-7}$$

$$\mathrm{NTF}\left(z\right)=\frac{1}{1+H(z)} \tag{5-8}$$

将式（5-6）和式（5-7）代入式（5-8），可得噪声整形模块的传递函数 NTF(z) 为

$$\mathrm{NTF}\left(z\right)=\frac{1-(1-a)z^{-1}}{1-(1-a)(1-ka)z^{-1}} \tag{5-9}$$

由式（5-9）可知，NTF(z) 的零点由电容之间的比例决定，因此具有良好的 PVT 稳健性。从系统的稳定性考虑，需要将 NTF(z) 的极点限制在单位圆内，可以得到稳定性条件为

$$\frac{1}{(1-a)}<k<\frac{2-a}{a(1-a)} \tag{5-10}$$

假设 $a=1/k$，$NTF(z)$可以表示为

$$NTF(z) = 1 - (1-a)z^{-1} \tag{5-11}$$

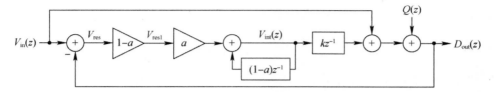

图 5-16 理想情况下一阶无源 NS SAR ADC 的信号流程图

图 5-17（a)进一步给出了系统中热噪声和 DAC 失配误差等非理想因素的影响，对照图 5-10，n_0 表示清零开关 Φ_{NS0} 断开后在 C_1 上产生的热噪声，n_1 表示 DAC 的采样噪声，n_2 代表余量采集开关 Φ_{NS1} 断开后在 C_1 上产生的热噪声，n_3 为积分开关 Φ_{NS2} 断开后在 C_2 上产生的热噪声，n_4 表示比较器噪声，ε_1 和 ε_2 分别表示电容失配引起的误差和反馈失配误差，它们的来源相同，可以得出 $\varepsilon_2=-\varepsilon_1$。图 5-17（b）展示了 C_{DAC}、C_1 和 C_2 的热噪声模型，通过分析可得

$$\overline{n_0^2} = kT/C_1 = \frac{kT(1-a)}{aC} \tag{5-12}$$

$$\overline{n_1^2} = \frac{kT}{C_{DAC}} \tag{5-13}$$

$$\overline{n_2^2} = kT \bigg/ \frac{C_{DAC}C_1}{C_{DAC}+C_1} \times \left(\frac{C_{DAC}}{C_{DAC}+C_1}\right)^2 = \frac{kT(1-a)^2}{aC_{DAC}} \tag{5-14}$$

$$\overline{n_3^2} = kT \bigg/ \frac{C_2C_1}{C_2+C_1} \times \left(\frac{C_1}{C_2+C_1}\right)^2 = \frac{akT}{C_{DAC}} \tag{5-15}$$

考虑非理想因素的影响，系统的输出可以表示为

$$D_{out}(z) = V_{in}(z) + n_1(z) + \left[an_0(z) + n_2(z)\right]z^{-1} + kn_3(z)z^{-1} + \left[Q(z) + n_4(z)\right]\left[1-(1-a)z^{-1}\right] \tag{5-16}$$

从式（5-16）可知，比较器噪声 $n_4(z)$ 与量化噪声 $Q(z)$ 均被整形。

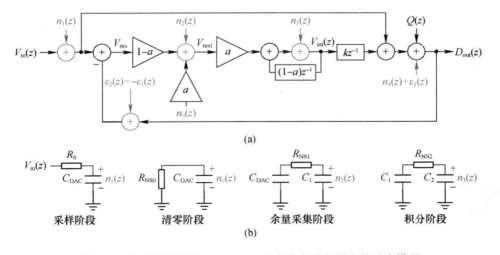

图 5-17 非理想情况下 NS SAR ADC 的信号流程图和热噪声模型

5.2.4 设计结果分析

基于 0.18μm CMOS 工艺，根据本书所提出的 DCMS 开关方案，设计实现了一款一阶 NS SAR ADC。图 5-18 给出了 NS SAR ADC 的显微照片，核心面积仅为 0.044mm²。

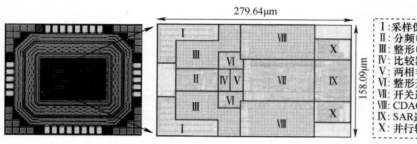 

图 5-18 彩图

图 5-18 芯片的显微照片

图 5-19 给出了在 1MS/s 采样率，1V 电源电压下，过采样率（OSR）为 8 时，NS SAR ADC 的 FFT 频谱，实现 SNDR 为 60.52dB，ENOB 为 9.76bit。表 5-3 总结了本书所提出的 NS SAR ADC 的性能，并将关键指标与一些已有工作进行了比较。

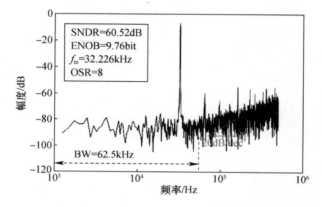

图 5-19 NS SAR ADC 的测试 FFT 频谱图

表 5-3 本设计 ADC 与已有工作对比

对比项	[8] VLSI'15	[9] VLSI'22	[10] JSSC'22	[11] VLSI'21	[12] TCAS-I'21	本设计
工艺/nm	65	65	130	40	130	**180**
电源电压/V	0.8	1	1.2	1.1	1.6	**1**
带宽/kHz	6250	62.5	125	20	2	**62.5**
采样率/ (MS/s)	50	2	2	16	0.128	**1**
DAC 分辨率/位	8	10	8	8	10	**8**
噪声整形阶数	1 阶	1 阶	3 阶	2 阶	2 阶	**1 阶**
ENOB/bit	9.35	12.5	12.93	14.69	13.4	**9.76**
SNDR/dB	58.03	77.3	79.59	90.2	82.6	**60.52**
面积/mm²	0.0123	0.03	0.16	0.037	0.2	**0.044**
能耗/μW	120.7	13.5	96	383.4	40.8	**19.22**
FoM/(fJ/conversion-step)	14.8	18.0	49.2	362.6	943.62	**177.33**

文献[8]实现了基于8位SAR ADC的无源一阶NS SAR ADC,该ADC基于65nm工艺实现,芯片面积为0.0123mm²,最终实现了ENOB为9.35bit,功耗为120.7μW。由于其较大的带宽,最终该芯片的FoM值优于本书提出的NS SAR ADC。文献[9]设计了第一个CT NS SAR ADC,使用一阶噪声整形技术,用10位DAC实现了ENOB为12.5bit和高SNDR,整体ADC面积仅为0.03mm²。然而,这种结构需要将离散时间SAR运算和连续时间的冗余积分相结合,这对电路的实现提出了很高的要求。文献[10]使用基于三阶噪声整形和数据加权平均(DWA,Data Weighted Averaging)的动态元素匹配(DEM,Dynamic Element Matching),实现了79.59dB的SNDR。然而,由于结构的复杂性,芯片面积和功耗都大大增加,大约是本书所提出结构的4倍。文献[11]提出一种在8位SAR ADC的基础上,增加了噪声整形和失配误差整形(MES,Mismatch Error Shaping)的结构,实现了ENOB为14.69bit。然而,ENOB的提升主要依赖于MES技术,当单独使用噪声整形时只能实现10.27bit。虽然这两种技术都极大地提高了ENOB,但它们也导致了芯片的功耗增加,从而导致FoM值的急剧增加。文献[12]提出了一种新型的具有片内数字DAC校准的有源NS SAR ADC,该结构通过片内数字DAC校准技术将SNDR提高了13dB,但由于带宽较小,FoM值并不理想。本书提出的NS SAR ADC采用了无源噪声整形技术,避免了上述文献中运算放大器所需的功耗,同时提出的DCMS开关方案,采用自定义电容来降低整体ADC的能耗和面积,使FoM值也具有较好的竞争力。

5.3 一种11位0.6V逐次逼近压控振荡器混合ADC[13]

5.3.1 系统结构

下面介绍本书提出的11位逐次逼近压控振荡器(SAR-VCO)混合ADC,其电路结构如图5-20(a)所示。该混合ADC由一个采用VCO比较器的9位异步SAR ADC和一个3位基于VCO的ADC(VCO-based ADC)组成,其中9位异步SAR ADC负责第一阶段的粗量化,3位VCO-based ADC负责第二阶段的细量化。在SAR ADC中环形压控振荡器(ring-VCO,ring Voltage-Controlled Oscillator)和鉴相器(PD)构成了时域VCO比较器,VCO-based ADC由环形压控振荡器、细采样模块(DFF阵列)、细量化模块和编码器组成。

从图5-20(b)可以看出,粗量化SAR ADC和细量化VCO-based ADC异步工作。在整个粗量化阶段,差分输入电压V_{DACp}和V_{DACn}执行二进制逐次逼近算法。此时,VCO-based ADC的复位信号RESET为低电平,因此其数字部分处于复位状态,也就意味着DFF阵列、细量化模块和编码器在粗量化阶段不消耗任何功耗。当D<10>被输出时,SAR ADC完成粗量化,整个SAR ADC在细量化中不会消耗任何功耗,因为PD被复位,异步SAR逻辑处于保持状态。基于以上粗量化和细量化异步工作的情况,将SAR ADC比较器中的VCO在细量化ADC中进行复用。SAR-VCO混合ADC中各模块的工作状态如图5-20(c)所示。

通过对VCO_P<10>和VCO_N<10>信号执行异或操作,复位信号切换到高电平,当CLK$_{vco}$切换到高电平时,复用的ring-VCO电路作为电压-频率转换器工作,DFF阵列对其输出(VCO_P<1:9>和VCO_N<1:9>)进行采样,直到CR信号切换到高电平,此时,VCO-based ADC完成了细量化并产生9位输出(VCO<1:9>)。细量化模块和编码器将9位细量化结果转换成二进制输出(D<11:13>),最后,结合9位SAR ADC的输出和3位VCO-based ADC的输出,得到整体ADC的最终输出。正常情况下,当一个8位SAR ADC的第7位数字码反馈到最低位单位电容时,只能得到一个7位的余量电压。因此,图5-20(a)中有1位冗余输出的9位SAR ADC

在 P/N<9>反馈到 8 位 C_{DAC} 后，可以准确地获得 8 位 SAR ADC 的余量电压，通过第 10 次量化，将第 10 位数字码 $D<10>$ 的输出作为细量化 ADC 的标志位。冗余电容 C_{5R} 的加入减少了 SAR ADC 与 VCO-based ADC 之间的建立时间和增益误差失配。

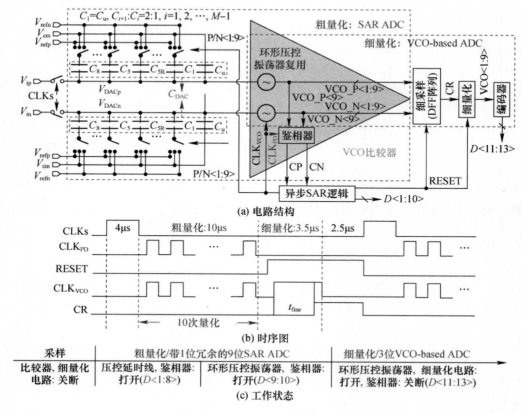

(a) 电路结构

(b) 时序图

采样	粗量化/带1位冗余的9位SAR ADC		细量化/3位VCO-based ADC
比较器、细量化电路：关断	压控延时线：打开($D<1:8>$)	环形压控振荡器、鉴相器：打开($D<9:10>$)	环形压控振荡器、细量化电路：打开，鉴相器：关断($D<11:13>$)

(c) 工作状态

图 5-20　11 位逐次逼近压控振荡器（SAR-VCO）混合 ADC

为了降低功耗，PD 和 9 级 ring-VCO 分别在粗量化和细量化后复位。图 5-21 给出了整体 ADC 的时钟产生电路和工作时序。在粗量化阶段，VCO 比较器中的 ring-VCO 和 PD 几乎同时工作，通过时钟电路的控制实现比较功能。因此，异步时钟与异步 SAR ADC 完全相同。在细量化阶段，一旦粗量化阶段最后一位输出 VCO_P<10>和 VCO_N<10>产生，经过延时 t_{delay1} 和 t_{delay2}，X 和 Y 就会变为高电平，此时复位信号已切换到高电平，将细量化电路复位，随后 ring-VCO 的采样信号（CR）切换到高电平以进行细量化，直到信号 Z_d 变成高电平复位 ring-VCO，最终 CLK_OUT 对整体 ADC 的输出采样。

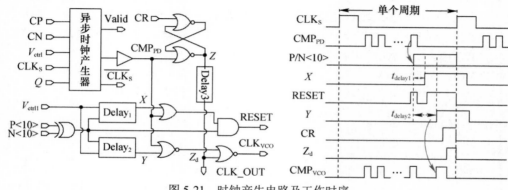

图 5-21　时钟产生电路及工作时序

5.3.2 基于压控振荡器的时域比较器

1. 电路结构

图 5-22 (a) 为时域 VCO 比较器的结构图,它由一个时钟控制的共源放大器、两个对称的具有 L 级延时单元的 ring-VCO 和一个鉴相器 (PD) 组成。共源放大器不仅具有 PVT 鲁棒增益实现了高线性度,而且还隔离了 ring-VCO 的回踢噪声。此外,时钟控制的共源放大器在复位阶段不消耗任何功耗。共源放大器和 ring-VCO 的电流比为 1:F。ring-VCO 的差分输出 (VCO_P<1:9>和 VCO_N<1:9>) 连接缓冲器,用于 VCO-based ADC 的细量化。

对于粗量化 SAR ADC,如果延时单元的级数 L 很大,VCO 比较器本来可以快速量化一个较大的输入信号,但信号必须通过许多延时单元,从而导致量化速度变慢。如果 L 较小,对于较小的输入信号,ring-VCO 的振荡次数就会增加,因此 PD 的功耗会变大,也增大了比较器进入亚稳态的概率。基于对速度和功耗的折中考虑,对于 2·$LSB_{SAR\ ADC}$ 的差分输入,选择 L 和振荡次数分别为 9 和 2,其中 $LSB_{SAR\ ADC}$ 为 9 位粗量化 SAR ADC 的 LSB。

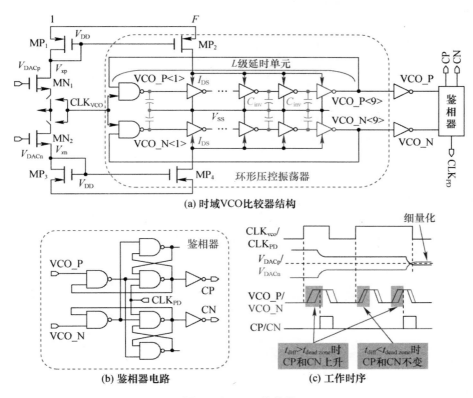

图 5-22 VCO 比较器

当 CLK_{VCO} 和 CLK_{PD} 处于图 5-22 (b) 中的低电平时,VCO 比较器处于复位阶段,ring-VCO 中奇数个反相器的输出为高电平,偶数个反相器的输出为低电平。与此同时,PD 的输入(VCO_P 和 VCO_N)与输出 CP 和 CN 处于低电平。当 CLK_{VCO} 和 CLK_{PD} 被触发到高电平时,差分电压信号(V_{DACp} 和 V_{DACn})被转换为 VCO_P 和 VCO_N 之间的延时差(t_{diff})。从图 5-22 (c) 可以看出,如果差分电压信号较大,则 PD 可以直接检测到 t_{diff}。反之,振荡次数必须增加,直到 t_{diff}

超过 PD 的死区时间（$t_{\text{dead zone}}$）。所以 VCO 比较器可以根据输入信号自适应地确定振荡次数。对于高精度的 SAR ADC，由于最后几位信号的幅度非常小（约 100μV），VCO 比较器在多次振荡后无法做出正确的决定。这会导致 VCO 比较器进入亚稳态，降低 SAR ADC 的速度和精度。在 SAR-VCO 混合 ADC 中，SAR ADC 的 VCO 比较器只获得前 10 位而不是全部 ADC 数字码，可以在一定程度上降低 VCO 比较器进入亚稳态的概率。

在粗量化阶段的前几次量化（$D<1{:}8>$）中，由于信号幅度较大，信号可以通过复用 ring-VCO 的延时单元直接进行量化。因此整个比较器可以表示为一个基于 VCDL 的比较器。随着信号（V_{DACp} 和 V_{DACn}）的逐次逼近，特别是最后两位量化（$D<9{:}10>$），比较器必须至少振荡一次才能实现相位检测，所以可以表示为一个 VCO 比较器。

众所周知，在 SAR ADC 的比较器设计中，电压比较器理论上必须消耗 4 倍的功耗才能将等效输入噪声减半。如图 5-23 所示，假设在 1 位 SAR ADC 中电压比较器的功耗归一化为 1，那么对于 9 位 SAR ADC，1 位量化的功耗等于 4^8。因此，SAR ADC 在一个完整的量化周期内电压比较器会消耗 9×4^8 的功耗。与文献[14]中的电压比较器不同，当 SAR ADC 在相同的噪声条件下，图 5-23 中的 VCO 比较器比电压比较器消耗更少的功耗。VCO 比较器可以根据差分输入信号（V_{DACp} 和 V_{DACn}）自适应调整噪声性能和功耗。所以在一个 9 位的 SAR ADC 中，VCO 比较器的功耗对不同位是自适应的，可以计算为

$$P_{\text{total}} = 4^8 + 4^7 + \cdots + 4^1 + 4^0 = 87.381\text{k} \tag{5-17}$$

可以看出，理论上 VCO 比较器的功耗比电压比较器降低了 85.19%。

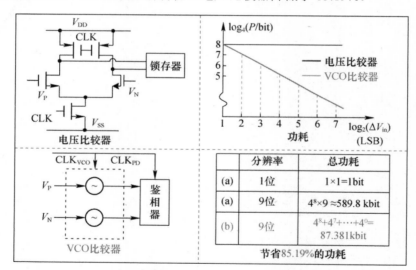

图 5-23　传统的电压比较器与 VCO 比较器功耗的对比

2. 仿真结果

VCO 比较器的噪声源包括 ring-VCO 的相位噪声和 PD 的噪声，其中 ring-VCO 的相位噪声为主要噪声源[15]。单端 ring-VCO 的相位噪声仅由振荡器本身的热噪声产生，而差分 ring-VCO 的相位噪声则由时差噪声产生。因此，差分 ring-VCO 的相位噪声来自图 5-22（a）中压控晶体管 MP$_2$ 和 MP$_4$ 的采样噪声。以一级延时单元为例，差分电压到延时差转换的增益和热噪声（相位噪声）的标准偏差可以表示为

$$G = \frac{t_{\text{diff}}}{\Delta V_{\text{in}}} = \frac{C_{\text{inv}} \cdot V_{\text{DD}} \cdot g_{\text{m}}}{2I_{\text{DS}}^2} \tag{5-18}$$

$$\overline{\Delta t_{\text{d}}} = \frac{\sqrt{C_{\text{inv}} \cdot \alpha kT}}{I_{\text{DS}}} \tag{5-19}$$

其中，α 是跨导 g_{m}、输出阻抗 r_{o} 和噪声因子 γ 的乘积，k 是玻尔兹曼常数。由于差分 ring-VCO 的输出包含每级延时单元噪声的影响，利用正交向量求和得到 L 级 VCO 时间误差的标准差为

$$\overline{\Delta t_{\text{d\_}L}} = \sqrt{L \cdot C_{\text{inv}}} \cdot \frac{\sqrt{\alpha kT}}{I_{\text{DS}}} \tag{5-20}$$

因此，通过振荡次数 m，VCO 比较器的电压到时间转换的增益和等效输入噪声可以求解为

$$G_{L,m} = L \cdot m \cdot G = L \cdot m \cdot \frac{C_{\text{inv}} \cdot V_{\text{DD}} \cdot g_{\text{m}}}{2I_{\text{DS}}^2} \tag{5-21}$$

$$\overline{\Delta V_{\text{noise}}} = \frac{\overline{\Delta t_{\text{d\_}L,m}}}{G_{L,m}} = \frac{1}{G} \cdot \frac{1}{\sqrt{L \cdot m \cdot C_{\text{inv}}}} \cdot \frac{2I_{\text{DC}}\sqrt{\alpha KT}}{V_{\text{DD}} \cdot g_{\text{m}}} + \overline{\Delta V_{\text{noise,cs}}} \tag{5-22}$$

从图 5-24（a）可以看出，等效输入噪声与式（5-22）之间存在一定的偏差，因为噪声会使振荡提前停止。从图 5-24（a）可以看出，当 $m > 8$ 时，1LSB 差分输入时等效输入噪声小于 100μV。图 5-24（b）给出了 VCO 比较器蒙特卡洛仿真结果，当 VCO 比较器工作在 1MHz 时，比较器正端输入在 20μs 内从 285mV 变化到 315mV、负端输入保持在共模电平时，偏移量的均值和标准差仅为 260.74μV 和 72.6μV。

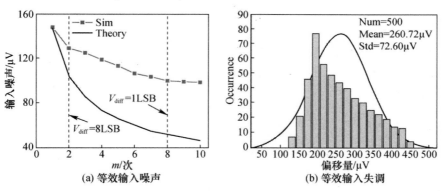

图 5-24 VCO 比较器

5.3.3 压控振荡器复用技术

图 5-25 给出了现有的 SAR-VCO Δ-Σ 型电容数字转换器（CDC，Capacitance-to-Digital Converter）或 ADC 与本设计 SAR-VCO 混合 ADC 的工作时序。从图 5-25（a）中可以看出，现有 SAR-VCO Δ-Σ CDC 或 ADC 中的 VCO 必须在整个量化周期内工作，实现热噪声、闪烁噪声和相位噪声的一阶噪声整形，且 SAR ADC 中需要额外的电压比较器来实现粗量化。此外，虽然可以通过 VCO-based ADC 的一阶噪声整形提高 ADC 的精度，但是此类 ADC 必须过采样，

粗量化的时间太长，这些都会极大程度上增加功耗，从而降低了整个 ADC 的能效。

基于上述问题，本设计 SAR-VCO 混合 ADC 的工作流程如图 5-25（b）所示，它充分利用了 VCO 电路的相位和频率特性。换句话说，VCO 电路不仅可以在粗量化阶段通过 PD 实现一个 VCO 比较器，而且还可以通过计数器实现一个 VCO-based ADC。首先，虽然复位操作移除了 VCO 电路的一阶噪声整形特性，但可以避免粗量化中电压比较器的功耗和面积。其次，在细量化电路中只需要多相 DFF 阵列就可以实现与多相计数器相同的功能和精度，降低了 ADC 的功耗和面积。最后，与传统的 11 位 SAR ADC 相比，该混合 ADC 的电容失配放宽到 2 倍时的 KT/C 噪声仍与传统 SAR ADC 相等，由于输入范围较小，可以抑制 VCO 电路中电压到频率的增益非线性，因此线性度会显著增强。

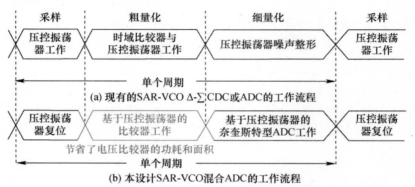

图 5-25　工作时序图

由上可知，复用的 ring-VCO 和 PD 构成了 VCO 比较器，而不是单纯地复用 ring-VCO。此外，VCO-based ADC（除 ring-VCO 电路外）只在量化阶段内工作，而不是在整个量化周期内工作。因此，可以完全避免现有的 SAR-VCO Δ-Σ ADC 中比较器的功耗和面积。复用技术充分利用了电压-相位和电压-频率的特性，复用的 ring-VCO 不仅与鉴相器组成 VCO 比较器实现第一阶段的低功耗量化，而且与细采样、细量化模块和编码器共同组成第二阶段的量化器。

如图 5-26 所示，在粗量化阶段，ring-VCO 电路与时钟控制的共源放大器和鉴相器组成 VCO 比较器。由于前几次量化差分信号 V_{DACp} 和 V_{DACn} 相差较大，所以信号通过图 5-22 中 ring-VCO 的 L 级延时单元后的相位差可直接被鉴相器识别，不需要 ring-VCO 的额外振荡即可完成量化，此时的比较器更像是一个基于 VCDL 的比较器。随着 V_{DACp} 和 V_{DACn} 的逐次逼近，某一时刻二者通过延时单元后的相位差不能被鉴相器所检测，尤其是最后两位量化，此时 ring-VCO 必须不断振荡以扩大彼此的相位差，直到相位差大于鉴相器的死区，才能实现相位检测，所以此时的比较器可表示为一个 VCO 比较器。因此在粗量化阶段，由 ring-VCO 组成的比较器负责前 10 次量化（$D<1:10>$），复用 ring-VCO 的电压-相位特性被充分应用于此阶段。利用差分电压 VCO_P<8>和 VCO_N<8>通过两个八进制计数器产生 CR 信号。由于 CR 信号是由 VCO 产生的，因此可以根据不同的 PVT 条件自适应地调整细量化时间，保证了细量化 ADC 的良好鲁棒性。粗量化最后一位的输出 $D<10>$ 作为细量化电路标志位的同时，也确定了余量信号的极性，CLK_{vco} 切换到高电平时，复用 ring-VCO 作为电压-频率转换器工作，真单相时钟触发器阵列对其输出（VCO_P<1:9>和 VCO_N<1:9>）进行采样，当 CR 变为高电平时开始细量化。余量信号小于 ±0.5LSB 时，VCO_P<1:9>和 VCO_N<1:9>之间的输出相位基本相同，异或门（XOR）阵列在 VCO_P<8>或 VCO_N<8>的 8 个脉冲后输出"000000000"。当余量信号大于 ±3.5LSB 时，XOR 阵列输出"011111111"。最终编码器将细量化输出 VCO<1:9>转换成 $D<11:13>$，与粗量化输出 $D<1:10>$ 组成最终的输出。

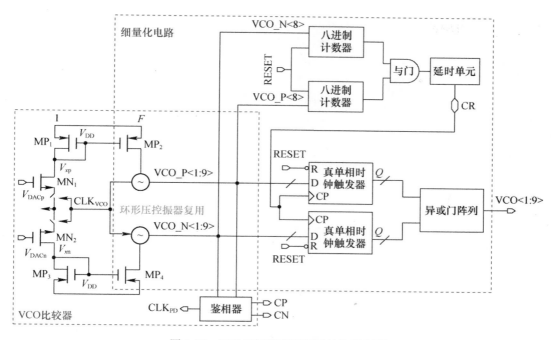

图 5-26　环形压控振荡器复用结构原理图

5.3.4　设计结果分析

1. 功耗和面积分析

如图 5-27 所示，本设计的 11 位 SAR-VCO 混合 ADC 在 0.18μm CMOS 工艺中进行了版图设计，采用 2fF 的 MOM 电容，整体面积仅为 0.109mm²。在 I/O 布局方面，模拟电源和偏置电压与数字电源隔离。仿真结果表明，该混合 ADC 在 0.6V 供电电压下能达到 50kS/s 的采样率，其功耗为 2.1μW。图 5-28 给出了各模块的功耗情况，模拟电路（采样保持和电容阵列）、在粗量化和细量化中复用的 VCO 电路及数字电路（SAR 逻辑、细量化和异步时钟产生电路）的功耗分别为 1%、75.2% 和 23.8%。

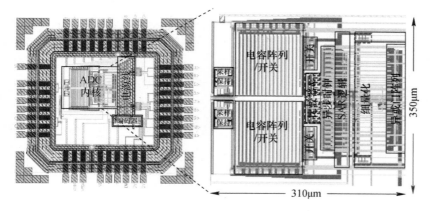

图 5-27 彩图

图 5-27　本设计 ADC 的整体版图

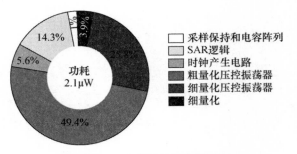

图 5-28　各模块的功耗情况

2．性能指标

（1）线性特性

为了反映 ADC 的静态特性，在 MATLAB 中搭建了 SAR-VCO 混合 ADC 的行为级模型，包括寄生参数提取信息、1%的电容失配、采样噪声、比较器噪声、相位噪声和 VCO-based ADC 的非线性等。从图 5-29 中可以看出，在无噪声的情况下，DNL 和 INL 的峰值分别为 −0.41LSB/0.3LSB 和 −0.53LSB/0.53LSB（黑色部分），有噪声的情况下分别为 −0.67LSB/0.73LSB 和 −0.61LSB/0.78LSB（灰色部分）。

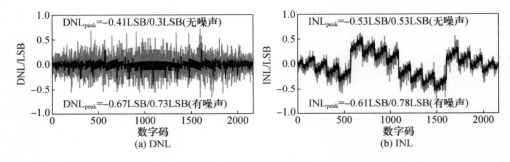

图 5-29　线性度分析

（2）动态性能

VCO-based ADC 的相位噪声来自复用 ring-VCO。图 5-30 表明，无论是否包含共源放大器，在固有振荡频率（5.8MHz）下的 ring-VCO 都比基于反相器的振荡器具有更高的相位噪声。图 5-30 同样证明了 ring-VCO 的相位噪声来自图 5-22（a）中的压控晶体管 MP_2 和 MP_4。当 ring-VCO 不含共源放大器时，其相位噪声在 $1/f^3$ 区域从 1 到 10kHz 的斜率为 −30dBc/dec，在 $1/f^2$ 区域的斜率为 −20dBc/dec（红线）。此外，当 ring-VCO 包含共源放大器时，共源放大器的非线性和噪声对其他谐波振荡频率（二次谐波和三次谐波）的噪声有主要影响，但是这个噪声并不影响 VCO-based ADC 的相位噪声，因为其噪声带宽超过了 VCO-based ADC 的相位噪声，在 50kHz 采样频率和固有振荡频率（5.8MHz）的条件下，VCO-based ADC 的相位噪声分别为 −72.8dBc/Hz 和 −66.65dBc/Hz。在 400MHz 的噪声带宽下，对 SNDR 和 SFDR 考虑了整体 ADC 的所有噪声源。

由于电容阵列寄生电容和 VCO 比较器的输入栅极电容引入增益误差，因此 ADC 的输入信号摆幅降低。图 5-31（a）和（b）分别绘制了输入信号频率为高频时的 FFT 频谱，以及不同输入频率下的 SNDR 和 SFDR。当整体 ADC 的输入速率为 23.83kHz（$61/128 \times f_s$）时，整体 ADC

可以在 50kS/s 的采样率下达到 63.8dB 的 SNDR，FoM 为 33.3fJ/conversion-step。

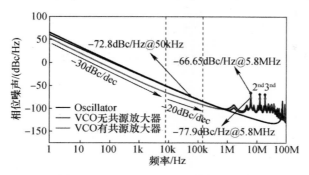

图 5-30　VCO-based ADC 的相位噪声

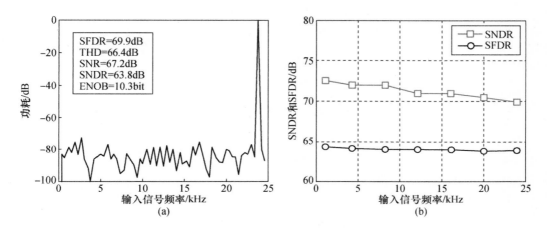

图 5-31　输入信号频率为高频时的 FFT 频谱以及 SNDR 和 SFDR 与输入信号频率的关系

全差分结构可以有效地抑制偶次谐波，奇次谐波主要源于 VCO 电路中电压到频率的增益非线性。采样噪声、VCO 电路的热噪声和量化噪声分别为 $15.22nV^2$、$32.4nV^2$ 和 $25.34nV^2$。表 5-4 给出了不同 PVT 条件下的 SNDR 变化，可以看出所设计 ADC 通过调整延时单元的偏置电压获得了良好的鲁棒性。

表 5-4　本设计 ADC 在不同 PVT 条件下的仿真结果（SNDR/dB）

工艺角	f_{in}= 23.83kHz @V_{DD}=0.54V			f_{in}= 23.83kHz @V_{DD}=0.6V			f_{in}=23.83kHz @V_{DD}=0.66V		
	−40℃	27°	85°	−40°	27°	85°	−40°	27°	85°
TT	62.0	63.4	63.0	62.2	63.8	63.3	63.0	64.5	63.8
SS	60.9	62.1	61.4	61.0	62.4	61.9	61.3	62.6	62.1
FF	61.8	63.3	62.6	62.1	64.3	63.8	62.4	63.7	63.2

表 5-5 总结了本书提出的 SAR-VCO 混合 ADC 与其他先进 ADC 之间的对比。与其他先进 ADC 相比，该 ADC 具有明显的能效和面积优势。

表 5-5　本设计 ADC 与已有工作对比

对比项	[16]* CICC'14	[17]* JSSC'14	[18]* TCAS-II'19	[19]# CSSP'20	[20]* TCAS-II'22	[21]# AEU'22	[22]# MEJ'23	[23]# MEJ'22	本设计#
架构	SAR-VCO Δ-Σ ADC	SAR ADC	SAR-VCO ADC	SAR ADC	SAR ADC	NS SAR ADC	SAR ADC	SAR ADC	SAR-VCO ADC
工艺/nm	180	65	180	180	65	180	130	180	180
分辨率/位	—	13	10	11	11	11	10	12	11
电源电压/V	1.8	0.85	1.8ª/1.2ᵈ	1.8	1	1.1	0.6	1.8	0.6
采样频率/kHz	35000	1000	5	2	10000	2500	10	10000	50
功耗/μW	45000	45.2	2360	0.28	39.5	70.3	0.04	360	2.1
SNDR/dB	75.7	64.4	56.7	62.8	60.7	83.1	57.8	58.9	63.8
ENOB/bit	12.28	10.37	9.13	10.14	9.8	13.51	9.3	9.49	10.3
面积/mm²	0.4	0.027	0.126	0.17	0.0013	0.18	0.053	0.218	0.109
FoM(fJ/conversion-step)	272	33	845	120	4.3	19.3	6.26	59.8	33.3

注：*表示测试结果，#表示仿真结果，ª表示模拟供电，ᵈ表示数字供电。

参 考 文 献

[1]　X. Tong，Y. Hu，X. Xin，et al. A 11.42-ENOB 6.02 fJ/conversion-step SAR-assisted digital-slope ADC with a reset-in-time VCO-based comparator for power reduction. International Journal of Electronics and Communications. 2022，155: 154362.

[2]　C. Liu，M. Huang, Y. Tu. A 12bit 100MS/s SAR-Assisted Digital-Slope ADC. IEEE Journal of Solid-State Circuits. 2016，51(12): 2941-2950.

[3]　Q. Fan, J. Chen . A 500MS/s 13bit SAR-Assisted Time-Interleaved Digital-Slope ADC. IEEE International Symposium on Circuits and Systems (ISCAS). 2019，1-5.

[4]　J. Li，Z. Chen，M. Tan，et al. A 1.54mW/Element 150μm-Pitch-Matched Receiver ASIC with Element-Level SAR/Shared-Single-Slope Hybrid ADCs for Miniature 3D Ultrasound Probes. Symposium on VLSI Circuits. 2019，220-221.

[5]　Z. Ding，X. Zhou, Q. Li. A 0.5-1.1V Adaptive Bypassing SAR ADC Utilizing the Oscillation-Cycle Information of a VCO-Based Comparator. IEEE Journal of Solid-State Circuits. 2019，54(4): 968-977.

[6]　X. Zhou，X. Gui, M. Gusev，et al. A 12bit 20kS/s 640nW SAR ADC with a VCDL-based open-loop time-domain comparator. IEEE Transactions on Circuits and Systems II: Express Briefs. 2022，69(2): 359-363.

[7]　C. Peng, T. Chu. A 10.7bit 300MS/s Two-Step Digital-Slope ADC in 65nm CMOS. IEEE Transactions on Circuits and Systems I: Regular Papers. 2020，67(9): 2948-2959.

[8]　Z. Chen，M. Miyahara，A. Matsuzawa. A 9.35-ENOB，14.8 fJ/conv.-step fully-passive noise-shaping SAR ADC. Symposium on VLSI Circuits. 2015，64-65.

[9]　H. Li，Y. Shen，E. Cantatore，et al. A First-Order Continuous-Time Noise-Shaping SAR ADC with Duty-Cycled Integrator. IEEE Symposium on VLSI Technology and Circuits. 2022，58-59.

[10]　Q. Zhang，N. Ning，Z. Zhang，et al. A 13bit ENOB Third-Order Noise-Shaping SAR ADC Employing Hybrid Error Control Structure and LMS-Based Foreground Digital Calibration. IEEE Journal of Solid-State Circuits.

2022，57(7): 2181-2195.

[11] C. Yang，E. Olieman，A. Litjes. An Area-Efficient SAR ADC with Mismatch Error Shaping Technique Achieving 102dB SFDR 90.2dB SNDR Over 20kHz Bandwidth. IEEE Transactions on Very Large Scale Integration Systems. 2021，29(8): 1575-1585.

[12] L. Shi，E. Thiagarajan，R. Singh，et al. Noise-Shaping SAR ADC Using a Two-Capacitor Digitally Calibrated DAC with 82.6dB SNDR and 90.9dB SFDR. IEEE Transactions on Circuits and Systems I: Regular Papers. 2021，68(10): 4001-4012.

[13] X. Xin，C. Zhang, X. Tong. An 11bit Nyquist SAR-VCO Hybrid ADC with a Reused Ring-VCO for Power Reduction. Circuits，Systems，and Signal Processing. 2023，43: 1339-1365.

[14] X. Xin，L. Shen，X. Tang，et al. A Power-Efficient 13-Tap FIR Filter and an IIR Filter Embedded in a 10bit SAR ADC，IEEE Transactions on Circuits and Systems I: Regular Papers. 2023，70(6)，2293-2305.

[15] Y. Luo, M. Ortmanns. Input Referred Noise of VCO-Based Comparators. IEEE Transactions on Circuits and Systems II: Express Briefs. 2021，68(1): 82-86.

[16] A. Sanyal，K. Ragab，L. Chen，et al. A hybrid SAR-VCO Δ-Σ ADC with first-order noise shaping. Proceedings of the IEEE 2014 Custom Integrated Circuits Conference. 2014，1-4.

[17] S. Hsieh，C. Kao, C. Hsieh. A 0.5V 12bit SAR ADC Using Adaptive Time-Domain Comparator with Noise Optimization. IEEE Journal of Solid-State Circuits. 2018，53(10): 2763-2771.

[18] Y. Xie，Y. Liang，M. Liu，et al. A 10bit 5MS/s VCO-SAR ADC in 0.18μm CMOS. IEEE Transactions on Circuits and Systems II: Express Briefs. 2019，66(1): 26-30.

[19] S. Polineni，M. Bhat, S. Rekha. A Switched Capacitor-Based SAR ADC Employing a Passive Reference Charge Sharing and Charge Accumulation Technique. Circuits，Systems，and Signal Processing. 2020，39: 5352-5370.

[20] H. Li，Y. Shen，E. Cantatore，et al. Small-Area SAR ADCs with a Compact Unit-Length DAC Layout. IEEE Transactions on Circuits and Systems II: Express Briefs. 2022，69(10): 4038-4042.

[21] M. Yousefirad, M. Yavari. A Fully Dynamic Third-Order EF-CIFF Noise-Shaping SAR ADC with NTF Zeros Optimization and Passive Integration. International Journal of Electronics and Communications. 2022，157.

[22] Z. Zhang，M. Cheng，Y. Yu，et al. A 0.053mm^2 10bit 10kS/s 40nW SAR ADC with pseudo single ended switching procedure for bio-related applications. Microelectronics Journal. 2023，139.

[23] M. Jian，J. Zheng，X. Kong，et al. A 12bit SAR ADC with a reversible VCM-based capacitor switching scheme. Microelectronics Journal. 2022，129.

第6章 稀疏信号处理专用无时钟ADC

本章所介绍的专用无时钟ADC是一种针对稀疏信号的非均匀采样ADC[1-2]。可将具有稀疏特性的信号划分为两个状态——活跃状态和静息状态。信号在活跃状态的变化比较剧烈，每当信号幅度超出预设量化电平时，则认为事件发生，对该点的数据进行采样和转换。静息状态的信号变化比较微弱甚至可以忽略不计，只要信号不超出预设量化电平，就不进行采样。图6-1展示了非均匀采样和均匀采样ADC的量化差异。图6-1中所述阈值电压为V_L至V_H，与均匀采样相比，非均匀采样在静息状态不会有冗余采样，这样可以提高电路的能效并且减少采样点数量，进而减轻系统在数据传输和处理时的压力。同时，对于非均匀采样ADC来说，不需要时钟产生电路，因此，功耗可以进一步降低。稀疏信号处理专用无时钟ADC称为LC(Level-Crossing)-ADC。

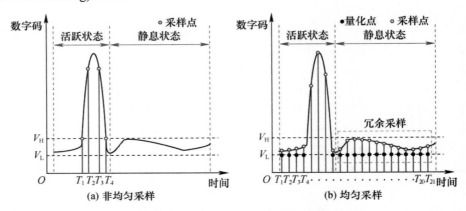

图6-1 非均匀采样与均匀采样ADC输出的差异

在LC-ADC的数据转换过程中，预设量化电平可以跟随输入信号的改变而改变，也可以是固定值，分别产生浮动窗口检测和固定窗口检测，在6.1.1节和6.1.2节中对它们进行分析。无时钟的LC-ADC进行非均匀采样，每一个采样点的间距不相等，不能直接进行频谱分析，导致LC-ADC的频谱分析需要进行预处理，在6.2节对LC-ADC性能评估流程进行详细分析。

6.1 LC-ADC

6.1.1 固定窗LC-ADC

LC-ADC的采样方式要求当信号超过预设量化电平时，产生一个脉冲标记采样点的位置。固定窗结构[3]用改变输入信号当前幅度的方法代替对量化电平的更新，预设的量化电平即V_H和V_L不发生改变，每当输入信号超出预设量化电平时，则对输入信号进行折叠处理，使得输入信号被平移到预设量化电平范围内。折叠前后的信号和相应的输出脉冲如图6-2所示，其中，V_H

和 V_L 是预设的量化电平，$V_H+V_L=2V_{CM}$，$V_H-V_L=1LSB$，V_{IN} 是输入信号，V_{OUT} 是折叠后的信号，INC 脉冲和 DEC 脉冲分别代表信号处于上升或下降阶段，所以每个采样点都携带时间和幅度的信息。

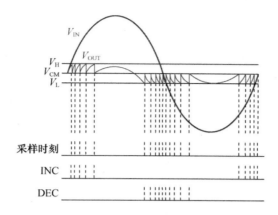

图 6-2　固定窗 LC-ADC 的采样脉冲

　　通过对上述分析的固定窗 LC-ADC 采样机制的梳理，我们可以确定电路的系统结构，如图 6-3 所示。固定窗 LC-ADC 主要由三部分组成，包括信号折叠电路、比较器和控制逻辑电路。信号折叠电路利用电荷守恒定律和电荷再分配过程对输入信号进行折叠。比较器负责实时监测折叠后的输入信号，以判断采样事件是否发生。控制逻辑电路根据两个比较器的输出信号，确定输入信号处于上升阶段还是下降阶段，并生成复位信号来控制信号折叠电路，使得折叠后的信号恢复到 V_{CM} 左右的水平。整个固定窗 LC-ADC 可以被视为一个闭环系统，由于没有时钟的存在，比较器是连续时间比较器且一直处于工作状态。

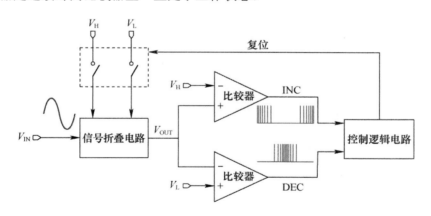

图 6-3　固定窗 LC-ADC 的结构

6.1.2　浮动窗 LC-ADC

　　LC-ADC 传统的实现方法是采用浮动窗结构。当输入信号通过预设的量化电平时，浮动窗结构[5]进行采样并更新预设量化电平 V_H 和 V_L，以便进行下一次采样。图 6-4 中展示了浮动窗 LC-ADC 的采样脉冲。当输入信号处于预设量化电平范围内时，LC-ADC 开始采样并产生相应的脉冲。根据 INC 和 DEC 信号，判断信号方向并更新 V_H 和 V_L。如果 INC 为高电平且 DEC 为低电平，则 V_H 和 V_L 都会增加 1LSB；如果 INC 为低电平且 DEC 为高电平，则 V_H 和 V_L 都会减少 1LSB，增加或减少的 V_H 和 V_L 用于下一次比较。

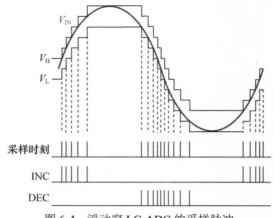

图 6-4　浮动窗 LC-ADC 的采样脉冲

　　图 6-5 展示了浮动窗 LC-ADC 的结构。浮动窗 LC-ADC 主要由两个比较器、双向移位寄存器和 DAC 组成。首先，输入信号与系统初始值的 V_H 和 V_L 进行比较。如果输入信号大于 V_H，则上方的比较器会输出高电平，触发双向移位寄存器和 DAC 工作，使得 V_H 和 V_L 统一增加 1LSB。此时，输入信号小于更新后的 V_H，上方比较器的输出恢复为低电平。DEC 的产生过程与 INC 类似。由于输入信号是满摆幅的，因此比较器需要具备"轨到轨"的特性。DAC 的精度与 LC-ADC 的精度密切相关，LC-ADC 的精度越高，对 DAC 的精度要求也越高。

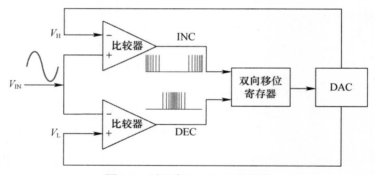

图 6-5　浮动窗 LC-ADC 的结构

6.1.3　比较器失调对 LC-ADC 的影响

1. 比较器失调对固定窗 LC-ADC 的影响

　　比较器失调电压的大小和比较器的共模输入相关，对于固定窗 LC-ADC，比较器的共模电压通常是恒定的。比较器失调电压对电路的影响如图 6-6 所示，图中给出在相同时间 T 时失调电压等于 0、失调电压大于 0 和失调电压小于 0 三种情况下比较器失调电压对固定窗 LC-ADC 的影响。当失调电压小于 0 时，相当于缩小了预设的阈值电压范围，对相同的输入信号，采样点数增多。当失调大于 0 时，失调电压带来的影响相当于扩宽了预设的阈值电压范围，对于相同的输入信号，采样点数减少，图 6-6 中体现了根据输出脉冲构造的恢复信号。

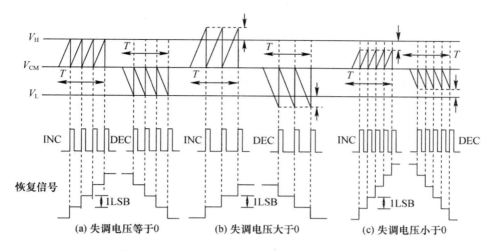

图 6-6　比较器失调电压对固定窗 LC-ADC 的影响

2. 比较器失调对浮动窗 LC-ADC 的影响

比较器失调电压对浮动窗 LC-ADC 带来的影响如图 6-7 所示。当输入信号缓慢下降时，若比较器的失调电压小于 0，LC-ADC 会出现虚假采样的情况，在图 6-7 中仅 T_1 时刻是正常采样，$T_2 \sim T_5$ 均为虚假采样。由于比较器的失调电压小于 0，DEC 脉冲信号会提前变为高电平，此时输入信号并没有完全低于 V_L，DEC 脉冲信号的产生会立刻使得阈值范围整体下移 1LSB，随着 V_H 和 V_L 更新，在 T_2 时刻，比较器会产生一个 INC 脉冲信号，使得阈值范围又整体上升 1LSB，导致无效的采样事件重复发生（$T_3 \sim T_5$ 时刻）。同理，当输入信号缓慢上升时，若比较器的失调电压小于 0，电路也会产生无效的错误脉冲。当输入信号变化越来越缓慢时，这种现象会更加严重。所以，为了避免产生虚假采样，在设计比较器时，应尽量将比较器的失调电压设计为正值。

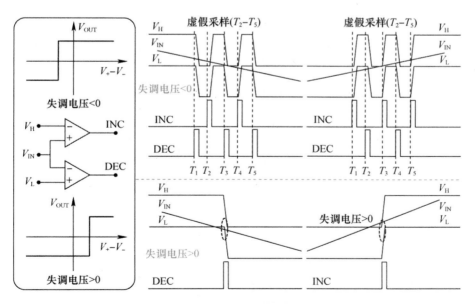

图 6-7　比较器失调电压对浮动窗 LC-ADC 的影响

6.2 非均匀采样 ADC 的性能评估方法

6.2.1 信号处理流程

与传统的均匀采样 ADC 不同，由于 LC-ADC 非均匀采样的特性导致其输出结果不能直接进行频谱分析，需要进行预处理。图 6-8 展示了从 LC-ADC 到频谱分析的整个评估流程，其中包括有效脉冲采样、加减计数器、信号零阶保持和插值。其中有效脉冲采样、加减计数器和信号零阶保持是为了恢复信号，使 INC 和 DEC 脉冲信号转换为呈阶梯形的数字信号，插值的目的是将时间上非均匀的数据转换成时间上均匀的数据，为频谱分析做准备。LC-ADC 的具体信号处理流程如图 6-9 所示。

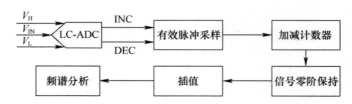

图 6-8　LC-ADC 的性能评估流程

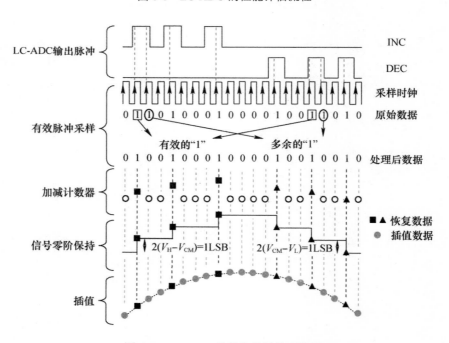

图 6-9　LC-ADC 的具体信号处理流程

LC-ADC 的具体信号处理流程共分为 5 个步骤。

① LC-ADC 输出脉冲提取：提取 LC-ADC 的输出脉冲 INC 和 DEC。

② 有效脉冲采样：选择一个合适的采样时钟对 INC 和 DEC 信号进行采样。为了采集到所有的 INC 和 DEC 信号，这个采样时钟的脉冲宽度应小于 INC 和 DEC 信号的脉冲宽度。在时钟

上升沿来临时，当 INC 等于"1"且 DEC 等于"0"或 INC 等于"0"且 DEC 等于"1"时，原始数据记作"1"；当 INC 和 DEC 都等于"0"时，原始数据记作"0"。由于采样时钟的脉冲宽度较小，导致 INC 和 DEC 信号会出现重复的采样，所以针对有连续"1"的原始数据将去除多余的"1"，处理后的数据就仅存在有效的"1"。

③ 加减计数器：对处理后的数据进行加减计数，每当有一个 INC 信号，数据加 1LSB；每有一个 DEC 信号，数据减 1LSB。

④ 零阶信号保持：去除所有的"0"数据，并对加减计数后的信号进行零阶保持，得到一组幅度上均匀但时间上非均匀的数据。

⑤ 插值：对恢复的信号进行插值处理，得到一组时间上均匀的数据。

6.2.2 常见插值方法

在以上对 LC-ADC 信号预处理的过程中，插值的方法对频谱分析的影响较大，较差的插值方法会引来较大的噪声和谐波，导致频谱的动态特性不理想，所以选择一个好的插值方法尤为关键。在以往的 LC-ADC 设计中，插值均在 MATLAB 中完成，常见的插值方法有最临近插值、三次多项式插值和三次样条插值。

1. 最邻近插值

最邻近插值的插值幅度取决于插值前数据幅度的数值，没有进行多余的计算，所以最邻近插值的速度快，占用内存最小，一般来说误差最大，插值结果不光滑。采用正弦函数输入 LC-ADC，对其恢复信号的输出结果进行最邻近插值的结果如图 6-10 所示。将恢复信号的峰值放大，可以看到插值结果并不能很好地反映正弦函数信号的特点，存在削顶和削底的现象。

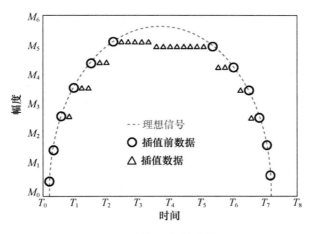

图 6-10　最邻近插值的结果

2. 三次多项式插值

三次多项式插值与最邻近插值不同，有较为复杂的运算。假设两个采样点(x_{i-1}, x_i)之间存在三次多项式插值函数 $H_i(x)$，即

$$H_i(x) = \alpha_{i-1}y_{i-1} + \alpha_i y_i + \beta_{i-1}y'_{i-1} + \beta_i y'_i \qquad (x_{i-1} \leqslant x \leqslant x_i) \tag{6-1}$$

其中，y_i 对应 x_i 时刻的幅度，令 $h_i = x_{i+1} - x_i$，其插值函数的系数可以表示为

$$\alpha_{i-1} = \frac{[h_i + 2(x - x_{i-1})](x - x_i)^2}{h_i^3} \tag{6-2}$$

$$\alpha_i = \frac{[h_i - 2(x - x_i)](x - x_{i-1})^2}{h_i^3} \tag{6-3}$$

$$\beta_{i-1} = \frac{(x - x_{i-1})(x - x_i)^2}{h_i^2} \tag{6-4}$$

$$\beta_i = \frac{(x - x_i)(x - x_{i-1})^2}{h_i^2} \tag{6-5}$$

三次多项式插值存在较为复杂的计算，占用内存多，插值结果比较光滑。采用正弦函数输入 LC-ADC，对其恢复信号的输出结果进行三次多项式插值的结果如图 6-11 所示。将恢复信号的峰值放大，可以看到插值结果比最邻近插值的结果好。

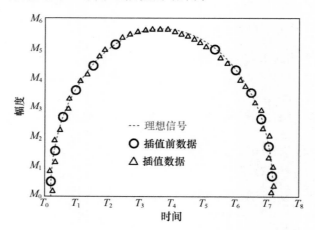

图 6-11　三次多项式插值的结果

3. 三次样条插值

三次样条插值的运算最为复杂，假设两个采样点 (x_{i-1}, x_i) 之间存在三次样条插值函数 $S_i(x)$，即

$$S_i(x) = a_i + b_i(x - x_i) + c_i(x - x_i)^2 + d_i(x - x_i)^3 \tag{6-6}$$

假设一个中间变量 m_i 为

$$m_i = S_i''(x_i) = 2c_i \tag{6-7}$$

插值函数的系数可以表示为

$$\begin{cases} a_i = S_i(x_i) = y_i \\ b_i = \dfrac{y_{i+1} - y_i}{h_i} - \dfrac{h_i m_i}{2} - \dfrac{h_i}{6}(m_{i+1} - m_i) \\ d_i = (m_{i+1} - m_i)/6h_i \end{cases} \tag{6-8}$$

m_i满足矩阵方程

$$\begin{bmatrix} -h_1 & h_0+h_1 & -h_0 & \cdots & \cdots & 0 \\ h_0 & 2(h_0+h_1) & h_1 & 0 & \cdots & \vdots \\ 0 & h_1 & 2(h_1+h_2) & h_2 & 0 & \vdots \\ \vdots & 0 & \ddots & \ddots & \ddots & 0 \\ 0 & \cdots & 0 & h_{n-2} & 2(h_{n-2}+h_{n-1}) & h_{n-1} \\ 0 & \cdots & \cdots & -h_{n-1} & h_{n-2}+h_{n-1} & -h_{n-2} \end{bmatrix} \begin{bmatrix} m_0 \\ m_1 \\ m_2 \\ \vdots \\ m_{n-1} \\ m_n \end{bmatrix} = 6 \begin{bmatrix} 0 \\ \dfrac{y_2-y_1}{h_1} - \dfrac{y_1-y_0}{h_0} \\ \dfrac{y_3-y_2}{h_2} - \dfrac{y_2-y_1}{h_1} \\ \vdots \\ \dfrac{y_n-y_{n-1}}{h_{n-1}} - \dfrac{y_{n-1}-y_{n-2}}{h_{n-2}} \\ 0 \end{bmatrix} \tag{6-9}$$

三次样条插值计算复杂，占用内存较多，插值结果很光滑。采用正弦函数输入 LC-ADC，对其恢复信号的输出结果进行三次样条插值的结果如图 6-12 所示。将恢复信号的峰值放大，可以看到插值结果非常接近正弦函数信号。

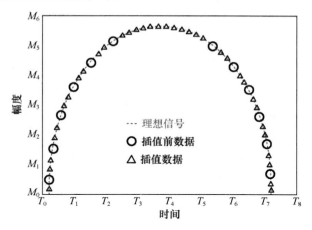

图 6-12　三次样条插值的结果

4．对比分析

在以上三种插值方式中，可以了解到对信号插值的精度先后排名为：三次样条插值，三次多项式插值，最邻近插值。为了验证这种结果，对一个输入信号 1kHz、电源电压 1.8V 的固定窗 LC-ADC 的输出进行统一整理，并且分别用三种插值方法进行处理，然后对比 LC-ADC 的有效位数（ENOB）。如图 6-13 所示，可以看到三种插值方法的 ENOB 分别为 7.76bit、9.3bit 和 13.03bit，所以证明了三次样条插值对 LC-ADC 的精度提升最大，最邻近插值最差。

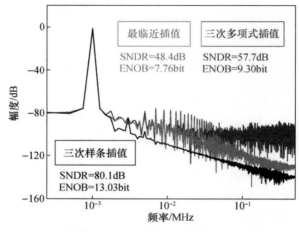

图 6-13 三种插值方法的频谱对比

6.3 一种基于单个连续时间比较器的 LC-ADC[4]

在传统的 LC-ADC 中，通常采用两个连续时间比较器，功耗开销较大。目前已有的解决方案是采用一个高精度比较器进行电平交叉检测，但仍然需要一个始终工作的低精度比较器来进行信号转向的检测，低精度比较器的功耗占高精度比较器功耗的一半左右。本节提出一种基于单个连续时间比较器的 LC-ADC。

6.3.1 系统结构

本设计提出的基于单个连续时间比较器的 LC-ADC 的系统结构如图 6-14 所示。与传统的固定窗 LC-ADC 不同，此结构只使用了一个比较器，增加了选择器和信号转向检测电路来服务单个连续时间比较器。信号折叠电路负责将 V_{OUT} 信号折叠及复位，使 V_{OUT} 在预设量化电平 V_H 和 V_L 之间，比较器的输出 V_{CMP} 就是 LC-ADC 的输出信号，V_{CMP} 作为信号转向检测电路的输入，用来判断输入信号 V_{IN} 是否发生转向，从而将 V_{M1} 和 V_{M2} 在（V_H，V_{OUT}）或（V_{OUT}，V_L）之间进行切换。

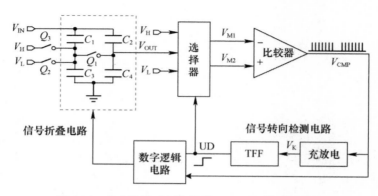

图 6-14 单个连续时间比较器 LC-ADC 的系统结构

将模拟信号 V_{IN} 输入信号折叠电路中，当 V_{IN} 在 $2 \times V_H$（高阈值电平）和 $2 \times V_L$（低阈值电

平）之间时，信号折叠电路输出一半 V_{IN}。当 V_{OUT} 在输入信号上升阶段超过 V_H 时，比较器产生高电平（此时 V_{M1} 和 V_{M2} 分别为 V_H 和 V_{OUT}）。然后，经过数字逻辑电路和信号折叠电路后，V_{OUT} 向下折叠为 V_{CM}。当信号到达峰值附近时，LC-ADC 在较长的一段时间不采样，信号转向检测电路会给出反馈，改变 UD 的信号方向，将 V_{M1} 和 V_{M2} 输出改成 V_{OUT} 和 V_L。当 V_{OUT} 在输入信号下降阶段下降到 V_L 时，比较器产生高电平，经过数字逻辑电路和信号折叠电路后，V_{OUT} 向上折叠到 V_{CM}。单个连续时间比较器 LC-ADC 的时序图如图 6-15 所示，其中 Q_1、Q_2 和 Q_3 开关均是高电平闭合，低电平断开。

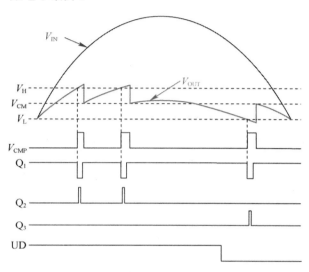

图 6-15　单个连续时间比较器 LC-ADC 的时序图

6.3.2　信号转向检测电路

信号转向检测电路如图 6-16 所示。与双比较器固定窗 LC-ADC 检测信号趋势的方法不同，本设计提出用充放电路和 T 触发器来实现这一功能。其中，比较器输出决定充电周期和放电时刻，当 LC-ADC 采样时，V_{CMP} 为高，电容 C_D 通过 MN_2 放电，当采样结束后，V_{CMP} 为低，电容 C_D 充电。一旦电压 V_K 接近由 MP_1 和 MN_1 组成的反相器的阈值电压，V_G 信号翻转，T 触发器将被触发并产生方向变化信号 UD。为了降低功耗，最好通过更高的电阻路径给更小的电容充电，以使电流更低。此外，通过增加 MP_1 的阈值电压并降低 MN_1 的阈值电压，可以将反相器阈值电压的翻转点定义为低电压，这意味着相同电容需要更少的电荷，从而可以节省更多的功率。此外，在这种设计中，由于存在固定的阈值电压翻转点，LC-ADC 仅适用于特定的输入带宽。

在本设计中，如果两个脉冲之间的间隔大于 12μs，我们认为输入信号达到了一个翻转点。在两个脉冲信号间隔小于 12μs 的情况下，电容 C_D 通过 V_{CMP} 的高电平充电，或 MN_2 放电至地。当两个脉冲之间的间隔大于 12μs 时，可以将电压 V_K 充电到 MP_1 和 MN_1 组成的反相器的阈值电压，使 V_G 反转，触发 TFF 产生 UD 信号。图 6-17 为信号转向检测电路在不同工艺角处的仿真结果。当输入信号频率为 10kHz 时，识别输入信号方向变化的两个脉冲信号至少为 15.56μs。然而，在输入信号的上升或下降过程中，比较器输出的其他间隔可以随着输入信号频率的降低而变宽。因此，在考虑输入信号频率和 PVT 条件变化的情况下，选择信号转向检测电路的充电时间为 12μs。

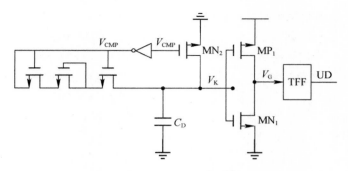

图 6-16　信号转向检测电路

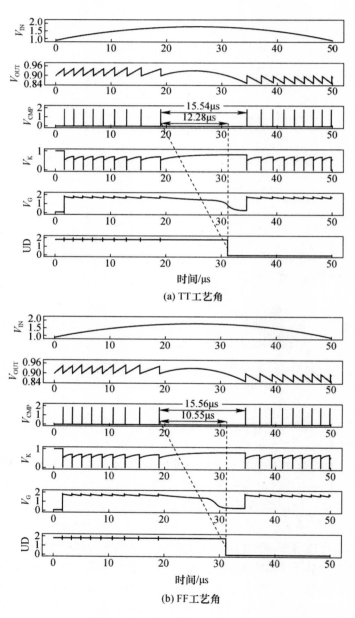

(a) TT工艺角

(b) FF工艺角

图 6-17　不同工艺角的充电时间

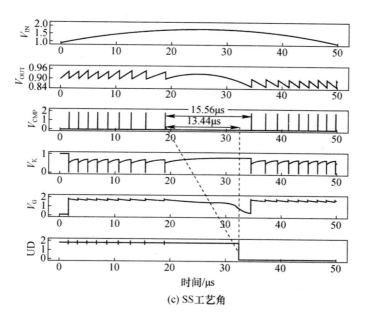

图 6-17　不同工艺角的充电时间（续）

6.3.3　设计结果分析

本书所提出的 LC-ADC 已基于 0.18μm CMOS 工艺完成设计，仿真结果表明，当输入信号为 1kHz、电源电压为 1.8V 时，LC-ADC 的功耗为 20.1μW，图 6-18 展示了其功耗的详细分布。连续时间比较器、信号转向检测电路和数字逻辑电路的功耗分别为 75.17%、19.25% 和 5.57%，其中信号转向检测电路的功耗是本设计的连续时间比较器的 1/4 左右。

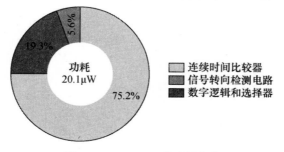

图 6-18　LC-ADC 的功耗分布

图 6-19 展示了不同输入信号频率下各模块的功耗变化。对于本设计 LC-ADC，连续时间比较器持续工作，其功耗并不会因为输入信号频率的变化而改变过多，基本恒定。在输入信号频率不断增加的情况下，LC-ADC 的数字电路和选择器、信号转向检测电路的工作频率也会增加，所以功耗会逐步增大。

脉冲 V_{CMP} 通过信号预处理后可以进行频谱分析。采用三次样条插值对 LC-ADC 的恢复信号结果进行插值处理。插值后的结果如图 6-20 所示，其中，"○" 表示输出信号预处理后的采样点，它在幅度域上是连续的，并不能直接进行 FFT 频谱分析；"+" 表示进行插值后的插值点，它在时间域上是连续的，可以用于 FFT 频谱的分析。图 6-21 为插值后信号的 FFT 频谱，该方案可实现 73.1dB 的 SNDR，对应 ENOB 为 11.83bit。

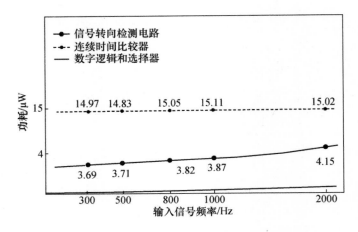

图 6-19　不同输入信号频率下各模块的功耗

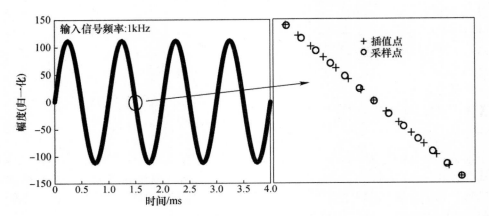

图 6-20　插值后的结果

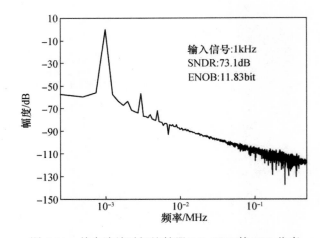

图 6-21　单个连续时间比较器 LC-ADC 的 FFT 仿真

表 6-1 展示了不同 PVT 条件下 LC-ADC 的 ENOB，验证了单连续时间比较器 LC-ADC 的稳定性。

表6-1 本设计 ADC 在不同 PVT 条件下的仿真结果（ENOB/bit）

工艺角	1.62V			1.8V			1.98V		
	−20 ℃	27 ℃	85 ℃	−20 ℃	27 ℃	85 ℃	−20 ℃	27 ℃	85 ℃
TT	11.29	11.65	11.23	11.44	11.83	11.81	11.46	11.82	11.21
FF	11.25	11.57	11.37	11.17	11.42	11.12	11.77	11.53	11.33
SS	10.65	11.12	10.82	10.92	11.22	11.03	11.02	11.34	10.95

表 6-2 展示了本设计与近几年已有 LC-ADC 的对比结果，与文献[5]相比，本设计具有更低的功耗；与文献[6]和文献[7]相比，虽然本设计功耗较高，但具有更小的面积及更高的 ENOB；与文献[8]相比，文献[8]仍采用的是传统 LC-ADC 架构，电路复杂度相对本设计更高；与文献[9]相比，本设计的复杂度更低，面积更小，实现了更高的 ENOB。

表 6-2 本设计 ADC 与已有工作对比

对比项	[5] ISCAS'20	[6] BIOCAS'17	[7] TCAS-II'18	[8] CCDC'19	[9] BIOCAS'14	本设计
工艺/nm	180	350	180	180	130	**180**
电源电压/V	0.8	1.8~2.4	1	1.8	1.3	**1.8**
带宽/kHz	1~200	0.05~1	1	50	1	**1**
ENOB/bit	10	6~8	6.2	—	4.4	**11.83**
SNDR/dB	49~57	37~48	39	42.6	28.3	**73.1**
功耗/μW	160~426	0.6~2	0.54	41.52	0.22	**20.1**
面积/mm²	0.126	0.0372	0.0144	0.21	0.36	**0.007**
FoM$_1$ (pJ/conversion-step)	1.04	3.91	3.67	3.79	5.21	**2.76**
FoM$_2$ (mm²·fJ/conversion-step)	131	145.5	52.8	795.9	1875.6	**19.3**

参 考 文 献

[1] H. Inose，T. Aoki，K. Watanabe. Asynchronous delta-modulation system. Electronics Letters. 1966，3(2): 95-96.

[2] N. Sayiner ， H. Sorensen ， T. Viswanathan. A level-crossing sampling scheme for A/D conversion. IEEE Transactions on Circuits and Systems II: Analog and Digital Signal Processing. 1996，43(4): 335-339.

[3] C. Weltin, Y. Tsividis. An Event-driven Clockless Level-Crossing ADC with Signal-Dependent Adaptive Resolution. IEEE Journal of Solid-State Circuits. 2013，48(9): 2180-2190.

[4] X. Xin ， W. Mao ， J. Luo ， et al. Background offset mismatch and loop delay mismatch calibration for fixed-window level crossing ADC. AEU-International Journal of Electronics and Communications. 2023，171: 154920.

[5] R. Kubendran, J. Park. A 4.2pJ/Conv 10bit Asynchronous ADC with Hybrid Two-Tier Level-Crossing Event Coding. IEEE International Symposium on Circuits and Systems (ISCAS). 2020，1-5.

[6] T. Marisa ， T. Niederhauser. Pseudo Asynchronous Level Crossing ADC for ecg Signal Acquisition. IEEE Transactions on Biomedical Circuits and Systems. 2017，11(2): 267-278.

[7] Y. Hou，K. Yousef. A 1-1kHz，4.2-544-nW，Multi-Level Comparator Based Level-Crossing ADC for IoT

Applications. IEEE Transactions on Circuits and Systems II: Express Briefs. 2018，65(10): 1390-1394.

[8] Y. Aiyun，L. Jingjiao. A Level Crossing ADC with Variable System Hysteresis. Chinese Control and Decision Conference (CCDC). 2019，1038-1042.

[9] X. Zhang, Y. Lian. A 300mV 220nW Event-Driven ADC with Real-Time QRS Detection for Wearable ECG Sensors. IEEE Transactions on Biomedical Circuits and Systems. 2014，8(6): 834-843.